基于生态文明背景下的国土空间宜居性评价与分区研究——以北京市为例

Study of Geographical Space Livability Evaluation and Zoning Based on Ecological Civilization Background: A Case Study of Beijing

黄迎春 杨伯钢 陈品祥 刘博文 武润泽 著

测绘出版社

·北京·

内容简介

本书基于第一次全国地理国情普查数据和社会经济统计数据,围绕社会发展、经济发展、生态环境、资源承载、基础设施和公共安全六个方面,对国土空间宜居性进行综合评价,并结合区域自身发展特点进行分区。通过研究,形成一套反映国土空间宜居特点的指标体系和分区方法。依据这套指标体系和分区方法,以北京市为例,对各区的国土空间宜居性进行评价。根据评价结果,可针对性地提升各区的宜居优势,同时协同发展宜居劣势,共建城市生态文明。本书可对从事地理国情监测、土地资源规划管理及研究院所和高校等相关行业人员提供参考。

图书在版编目(CIP)数据

基于生态文明背景下的国土空间宜居性评价与分区研究 : 以北京市为例 / 黄迎春等著. -- 北京 : 测绘出版社, 2023.3

ISBN 978-7-5030-4420-5

Ⅰ. ①基… Ⅱ. ①黄… Ⅲ. ①城市环境－居住环境－生态环境－研究－北京 Ⅳ. ①X21

中国版本图书馆 CIP 数据核字(2022)第 063630 号

基于生态文明背景下的国土空间宜居性评价与分区研究——以北京市为例

Jiyu Shengtai Wenming Beijing Xia de Guotu Kongjian Yijuxing Pingjia yu Fenqu Yanjiu——Yi Beijing Shi Wei Li

责任编辑 刘　策　　**封面设计** 李　伟　　**责任印制** 陈姝颖

出版发行	测绘出版社	**电　　话**	010－68580735(发行部)
地　　址	北京市西城区三里河路 50 号		010－68531363(编辑部)
邮政编码	100045	**网　　址**	www.chinasmp.com
电子信箱	smp@sinomaps.com	**经　　销**	新华书店
成品规格	169mm×239mm	**印　　刷**	北京捷迅佳彩印刷有限公司
印　　张	4.25	**字　　数**	80 千字
版　　次	2023 年 3 月第 1 版	**印　　次**	2023 年 3 月第 1 次印刷
印　　数	001－600	**定　　价**	35.00 元

书　　号 ISBN 978-7-5030-4420-5

审 图 号 京 S(2022)011 号

本书如有印装质量问题,请与我社发行部联系调换。

前　言

2013年至2015年，我国完成了第一次全国地理国情普查，普查成果已由自然资源部、国家统计局、国务院第一次全国地理国情普查领导小组办公室联合向社会发布。随着地理国情普查成果的发布，数据成果的有效应用成为重要内容之一。为有效地将地理国情普查成果应用到城市发展规划中，对其应用进行研究显得十分重要。

本书基于地理国情普查成果数据，结合社会经济发展统计数据，以生态文明建设为背景，应用层次分析法对国土空间宜居性进行评价研究，并基于此开展分区探索。本书一共分为7章:第1章主要介绍了研究的目的、意义、相关概念及国内外的研究现状;第2章详细介绍了国土空间宜居性综合评价的模型方法，为本书选择相应的模型奠定理论基础;第3章以北京市为例，应用地理国情普查成果数据进行国土空间宜居性综合评价研究;第4章以第3章为基础，对宜居性综合评价进行分析研究;第5章对北京市国土空间宜居优势进行分区研究;第6章对国土空间宜居性的提升提供相关策略和建议;第7章是对研究的总结与展望，提出研究存在的不足及今后的改进之处。

本书由北京市测绘设计研究院完成。第1章由黄迎春、杨伯钢、陈品祥共同撰写，第2、3、4、5章由黄迎春、武润泽共同撰写，第6、7章由黄迎春、刘博文共同撰写。此外，全书由武润泽进行了详细的文字、公式和图表检查，杨伯钢对全书的写作给予了悉心指导。

由于笔者专业水平有限，书中难免存在谬误和不妥之处，敬请读者批评指正!

目　录

第1章　绪　论

1.1　研究背景

生态文明建设是中华民族永续发展的千年大计。中国共产党的十九大提出，加大生态系统保护力度，实行最严格的生态环境保护制度。习近平总书记在全国生态环境保护大会上指出："用最严格制度最严密法治保护生态环境，加快制度创新，强化制度执行，让制度成为刚性的约束和不可触碰的高压线。"2017年9月，中共中央、国务院批复《北京城市总体规划(2016年—2035年)》，要求强化生态底线管理，以资源环境承载能力为硬约束，倒逼城市转型发展；设置城市开发边界和生态控制线，实施两线三区空间管控；划定并严守生态保护红线，强化刚性约束。

2015年4月30日，正式审议通过《京津冀协同发展规划纲要》，标志着京津冀三地一体化进入历史的发展拐点。京津冀协同发展以三地一体化发展为基本点，其核心是疏解非首都功能，解决北京"大城市病"问题。通州城市副中心建设作为疏解非首都功能的重中之重，已经成为北京市政府设定的"千年大计"。国家、京津冀区域、北京市三级层面的规划实施，都以建设和谐宜居城市为目标。因此，对城市当前宜居的评价研究显得尤为重要。

2013年2月，国务院正式印发《关于开展第一次全国地理国情普查的通知》(国发〔2013〕9号)文件，启动第一次全国地理国情普查。第一次全国地理国情普查的对象主要包括国土范围内的地表自然和人文地理要素。其中，自然地理要素主要包括地形地貌、植被覆盖、水域、荒漠与裸露地等，人文地理要素主要包括与人类活动密切相关的交通网络、居民地与设施、地理单元等。普查的主要任务是获取普查对象的类别、位置、范围、面积等，并掌握其空间分布状况。2015年6月，第一次全国地理国情普查数据库形成，随后逐渐开展整理、汇总、统计数据工作，形成地理国情普查基本统计、综合和专题统计，以及白皮书、蓝皮书等面向公众、政府和行业的报告。地理国情普查是一项重大的国情国力调查，是全面获取地理国情信息的重要手段，是掌握地表自然、生态以及人类活动基本情况的基础性工作，后续还将定期进行地理国情监测。随着第一次地理国情普查工作的推进，数据成果的有效应用成为普查工作的重要内容之一。

结合北京宜居城市发展目标规划与地理国情普查重大摸底事件，本书尝试将地理国情普查成果应用到城市发展规划中，即以地理国情普查统计成果为基础，结合社会经济发展数据指标，采用综合评价方法对国土空间宜居性进行评价与分区研究。

1.2　研究目的、意义及实际应用价值

1.2.1　研究目的

本书的研究目的主要有3个方面：第一，将地理国情普查统计指标与社会经济统计指标结合起来，通过分析、筛选，形成一套可以综合反映国土空间宜居性的指标体系；第二，应用指标体系，对国土空间宜居性进行评价；第三，根据国土空间的宜居性差异，针对北京市实际情况，对16个区进行分区研究。

1.2.2　研究意义

本书研究对国土空间规划和城市发展都具有非常重要的意义。从理论上来说，国土空间宜居性作为一个新的度量来评价城市发展，丰富了城市评价研究理论，拓展了国土空间研究理论。从实践上看，基于地理国情普查的国土空间宜居性评价与分区研究，是对地理国情普查成果的有效应用，推动了地理国情普查重要指数的公众认可度，为今后形成公众化的统计数据做铺垫，并促使地理国情监测成为常态化的国情国力监测工作。

1.2.3　实际应用价值

本书研究具有两方面的实际应用价值：第一，国土空间宜居性评价与分区研究可以为城市规划提供宜居评价参考，同时，为京津冀协同发展下的北京非首都功能疏解、城市副中心建设提供规划参考依据；第二，该研究还可为相关科研人员提供参考。

1.3　相关概念

1.3.1　生态文明

生态文明是人类为保护和建设美好生态环境而取得的物质成果、精神成果和制度成果的总和，是贯穿于经济建设、政治建设、文化建设、社会建设全过程和各方面的系统工程，反映了一个社会的文明进步状态。

1.3.2 地理国情普查

地理国情普查是一项重大的国情国力调查，是全面获取地理国情信息的重要手段，是掌握地表自然、生态以及人类活动基本情况的基础性工作。地理国情主要是指地表自然和人文地理要素的空间分布、特征及其相互关系，是基本国情的重要组成部分。地理国情，狭义来看，是指与地理空间紧密相连的自然环境、自然资源基本情况和特点的总和；广义来看，是指通过地理空间属性对包括自然环境和自然资源、科技教育状况、经济发展状况、政治状况、社会状况、文化传统、国际环境和国际关系等在内的各类国情进行关联与分析，从而得出能够深入揭示经济社会发展的时空演变和内在关系的综合国情。开展全国地理国情普查，系统掌握权威、客观、准确的地理国情信息，是制定和实施国家发展战略与规划、优化国土空间开发格局和各类资源配置的重要依据，是推进生态环境保护、建设资源节约型和环境友好型社会的重要支撑，是做好防灾减灾工作和应急保障服务的重要保障，也是相关行业开展调查统计工作的重要数据基础。为全面掌握我国地理国情现状，满足经济社会发展和生态文明建设的需要，国务院决定于 2013 年至 2015 年开展第一次全国地理国情普查工作。

1.3.3 国土空间宜居性

目前，学界没有对城市宜居性做统一的定义，不同的角度对宜居性有不同的理解，一般对宜居城市的内涵有狭义和广义之分。狭义的宜居城市是指气候条件宜人、生态景观和谐、人工环境优美、治安环境良好、适宜居住的城市，这里的“宜居”仅仅指适宜居住；广义的宜居城市是指人文环境与自然环境协调，经济持续繁荣，社会和谐稳定，文化氛围浓郁，设施舒适齐备，适于人类工作、生活和居住的城市，这里的“宜居”不仅指适宜居住，还包括适宜就业、出行，以及教育、医疗、文化资源充足等(李丽萍 等，2006)。王世营等(2010)认为，广义和狭义概念实际上反映了处于不同发展阶段的城市对宜居城市内涵的不同理解。

国外学者对宜居城市主要看重城市现有和未来居民生活质量的三大因素，即适宜居住性、可持续性、适应性。适宜居住性除了关注城市的居住环境外，对居民参与城市发展的决策能力也很重视，并认为这是宜居性很重要的表现；可持续性追求的不仅是当前城市居民生活质量的高低，还关注城市的可持续发展潜力；适应性，即城市对危机和困难的可适应程度，也是宜居城市所应具备的能力。国内学者对宜居性的理解大多倾向于广义概念。根据《宜居城市科学评价标准》，宜居城市主要内容包括社会文明、经济富裕、环境优美、资源承载、生活便宜和公共安全 6 个方面。根据宜居城市的判定标准，国土空间宜居性主要是指对区域空间适宜居住程度的综合评价。

1.4 研究现状

1.4.1 国外研究现状

宜居城市研究起源于对城市居住环境的研究，其思想可溯源到早期重要的城市发展思想。19世纪末，英国工业革命后大量农村人口流入城市，出现了一系列居住环境问题和社会问题，引发了向郊外追求新居住空间的田园城市运动。1898年，霍华德(Howard)在《明日的田园城市》中较早对宜居城市给予了关注，提出了比较完善的认识体系。以田园城市运动和理想城市建设为背景，追求城市舒适、便捷和美观等成为英国城市发展的重要理念，并逐渐传播到美国和其他西方发达国家。

第二次世界大战以后，面对资源环境的严峻挑战、极限思维的发展困惑和城市重建的要求，人们在城市规划和发展中更追求环境的宜人性和生活的舒适性。20世纪70年代以来，国外城市发展理念的演变集中体现在人本主义的回归，更加强调城市规划和建设要以提高居民生活质量为根本出发点。规划、社会、生态、地理及行为科学等领域的专家学者，从各自学科背景出发，采用不同的研究方法进行了研究(张文忠，2007)。1973年，约翰斯顿(Jonhston)等通过研究发现，居住区的自然景观特征、居民的社会联系状况和居住区的位置影响了人们对居住区的舒适度评价。1976年，联合国首届人居大会首次提出了反映可持续原则的居住区政策建议和持续性居住区发展的规划、设计、建造和管理模式的具体建议(徐桂兰 等，2007)。

20世纪90年代以来，随着可持续发展理念的不断普及，人们越来越注重在加快推进城市化进程的同时，努力实现居住环境的可持续发展。在这一思想的影响下，可持续发展成为宜居城市建设的重要内容之一。萨尔扎诺(Salzano)(1997)认为宜居城市是过去和未来的统一，强调在城市建设和规划中，要保护历史文化遗迹和自然物质资源，确保后代能持续享用。博格(Berg)(1999)提出宜居城市运动这一概念，认为其核心思想就是重塑城市环境。在城市形态上，要建设适合行人的道路和街区，恢复过去的城市肌理；在城市功能上，要实现城市的工作、居住、零售等综合职能；应增强城市的多样性，使城市变得更适宜一般市民居住。佩吉(Palej)(2000)从建筑和规划的专业角度探讨了宜居城市的内涵，提出宜居城市是社会组织元素能够被保存和更新的城市。艾文斯(Evans)(2002)强调宜居城市必须将生存和生态可持续性结合起来，在保护生态环境的基础上，要使工作地充分接近居住地，要有适当的工资水平，要能够提供接近健康生活环境的公共设施和服务。道格拉斯(Douglass)(2002a，2002b)提出健康的自然环境、完善的福利体系和充足的社会生活空间是宜居城市的重要组成部分。

总体而言，国外关于宜居城市的研究重点发生了明显变化，由早期的侧重研究城市居住环境向居住环境和社会环境并重转变。目前，在城市宜居性的研究中，除强调城市的居住环境好坏外，更多从社会层面关注居民能否平等地享受城市生活和参与城市发展决策。同时，近期对城市宜居性的大量研究还高度重视城市的可持续发展，在注重提高当前城市居民生活质量的基础上，不断增强城市的可持续发展潜力，以确保后代能持续地享受城市物质文化生活（张文忠，2016；姜煜华 等，2009）。

1.4.2 国内研究现状

我国关于城市宜居性的研究工作相对滞后（李业锦 等，2008），最初的研究是从20世纪90年代对“人居环境”的提出开始，1990年钱学森提出了“山水城市”，对城市的生态与历史进行综合考虑，对人工生态与自然生态进行组合来研究城市的舒适性（钱学森，1993）。田银生等（2000）同样也认为人居环境在加强环境意识的同时，自然与人为应该进行有机统一。吴良镛（1997）基于人居环境，提出“规划、建筑、园林”三者融合的人居环境框架，同时，提出六大研究领域，即居住系统、社会系统、自然系统、人类系统、支持系统和跨系统研究。

《北京城市总体规划（2004年—2020年）》首次提出“宜居城市”作为城市发展目标，自此“宜居城市”的概念引发了社会的广泛关注，对城市环境的研究也逐渐开始转向对城市宜居评价的研究。刘颂等（1999）运用层次分析法，从城市的经济条件、生态环境、居住条件、社会安全、公共服务和基础配套设施等几个方面构建可持续发展的城市居住环境评价指标体系。李丽萍等（2006）对宜居城市提出六大标准，即社会和谐性、经济发展性、文化丰厚性、居住舒适性、公共安全性、环境怡人性。顾文选等（2007）从城市社会文明度、经济富裕度、环境优美度、生活便宜度、资源承载能力和公共安全度6个方面选取指标，构建宜居城市的评价指标体系。朱鹏等（2006）从马斯洛需要层次论出发，从城市居民的社交、安全、尊重、生理、自我实现5个方面的需求层面选取指标，构建宜居城市评价指标体系。

同样，很多城市案例研究也相继出现，如宁越敏等（1999）基于三大类指标和19类单项指标，定量评价了上海城市的宜居性。王小双等（2013）对天津市的生态环境进行了评价研究。李王鸣等（1999）通过问卷调查对杭州城市人居环境概念进行了剖析，制订了评价指标体系。陈浮等（2000）对南京城市人居环境满意度采用定量分析和问卷调查相结合的方法进行了分析，从城市景观规划、人居环境安全、公共服务配套、社区文化环境、建筑质量安全5个方面构建了宜居城市评价指标体系。李雪铭等（2002）对大连城市人居环境宜居和可持续发展进行了研究评价，运用定量分析方法，从城市发展、建设和居住条件3个方面构建了宜居城市评价指标体系。谌丽等(2008)对大连城市宜居性进行了研究评价,通过大规模问卷调查统计,提出了宜居城市评判的五大类指标体系,包括城市居住安全性、居住舒适性、生活方便性、出行便利性和环境健康性等。张文忠等(2006)对北京城市宜居性进行了研究评价,从城市居住安全性、环境健康性、生活方便性、出行便利性、居住舒适性5个方面进行了研究评价。张雅彬等(2006)分析了北京与世界发达城市的差距,从人均生产总值、交通设施条件、住房储备情况、人均绿地面积、城市空气质量和城市生物多样性等方面对北京市生态城市和宜居城市的内涵与评价指标体系进行了探讨研究。其他城市也有部分研究(李壮阔 等,2010)。另有一些学者从满意度视角对宜居城市进行了相关探讨(郑春东 等,2014)。还有学者从评价方法及评价标准方面对宜居城市进行了相关研究(顾文选 等,2007;李丽萍 等,2007;张文忠,2007;梁文钊 等,2008;李雪铭 等,2009;李虹颖 等,2010;王世营 等,2010;杨静怡 等,2012)。

除了对具体城市案例的研究,研究院所和很多商业集团也对全国城市的宜居性进行了分级评价研究,国内宜居城市评价主要研究成果如表1.1所示。

表1.1　国内宜居城市评价主要研究成果

序号	名称	研究机构(人员)
1	《中国适宜人居城市研究与评价》	周志田,王海燕,杨多贵
2	中国城市宜居指数	零点研究咨询集团
3	《中国城市品牌价值报告(2007)》	北京国际城市发展研究院等
4	《中国城市生活质量报告》	北京国际城市发展研究院等
5	《GN中国宜居城市评价指标体系》	中国城市竞争力研究会
6	《宜居城市科学评价标准》	中国城市科学研究会

周志田等(2004)对我国近50个城市的宜居性水平进行了详细分析和测算排序,在城市发展潜力、城市经济水平、城市生态环境、人居质量水平、生活安全保障、生活便捷程度等方面选取指标,构建了宜居城市评价指标体系。零点研究咨询集团在民众调查和德尔菲(Delphi)法的基础上,制订了“中国城市宜居指数”的指标体系及相应的权重体系。该指标体系包括3个一级指标、11个二级指标和33个三级指标。《中国城市品牌价值报告(2007)》以“宜居、宜业、宜学、宜商、宜游”5个一级指标和15个二级指标,对全国287个地级以上城市品牌价值进行了系统分析,推出了2007年中国城市品牌价值排行榜。《中国城市生活质量报告》是北京国际城市发展研究院组织课题组历时两年调查完成的,该报告从居民收入、消费结构、居住质量、交通状况、教育投入、社会保障、医疗卫生、生命健康、公共安全、人居环境、文化休闲、就业概率12个方面构建了一个多维度的生活质量评价体系,指标权重采用主成分分析法确定。《GN中国宜居城市评价指标体系》由中国城市竞争力研究会完成,包括生态环境健康指数、城市安全指数、生活便利指数、生活舒适指

数、经济富裕度、社会文明指数、城市美誉度7项一级指标和48项二级指标。《宜居城市科学评价标准》于2007年4月由中国城市科学研究会完成，具体包括6个一级指标、32个二级指标，其中一级指标包括社会文明度、经济富裕度、环境优美度、资源承载度、生活便宜度、公共安全度。

总体来说，宜居城市评价存在一些分歧：一是表现在评价方法的不同，目前，主要有基于统计数据的客观评价方法、基于问卷调查的主观评价方法以及主客观结合评价方法；二是表现在对各具体要素的不同取舍和对各要素重要性的不同认识；三是表现在指标取向上的不同，有的向经济指标倾斜，有的向人文生态指标倾斜，前者主要反映了现阶段城市对经济发展的迫切渴望，后者则反映了人类对生活质量更高层面的需求。

1.5　研究内容

本书将地理国情普查统计指标与社会经济指标有效地结合起来，形成了一套可以综合反映国土空间宜居性的指标体系。该指标体系包括社会发展、经济发展、生态环境、资源承载、基础设施和公共安全六大方面。基于指标体系，应用层次分析法确定各层次指标的权重，然后通过加权计算得到宜居性综合得分，最后依据综合得分对国土空间宜居性进行评价。结合北京市各区宜居性实际情况，对北京市国土空间宜居性进行分区划分，针对各个分区，有针对性地提出相关政策建议。

本书组织框架如下：

第一部分为绪论，介绍研究背景、目的、意义，以及当前研究现状。介绍地理国情普查及国土空间宜居性相关概念，同时，对相关指标进行概述。

第二部分基于地理国情普查，对国土空间宜居性进行评价与分区，并以北京市为例进行详细探讨。结合地理国情普查统计指标和社会经济指标，根据宜居性内容，研究一套可以综合反映宜居性各方面的指标体系；应用层次分析法（analytic hierarchy process，AHP），对各指标进行权重打分，根据各专家打分结果，计算各区的宜居性综合得分，通过综合得分对北京市国土空间的宜居性进行评价与分区。

第三部分为结论与讨论部分，对研究得出的一些基本结论进行总结，并对本书的不足进行讨论，提出后续的研究方向。

第2章　国土空间宜居性综合评价模型

2.1　宜居性综合评价方法

对于多指标多对象的综合评价，人们已提出许多不同的综合评价方法。现代综合评价方法主要包括层次分析法、主成分分析法、因子分析法、模糊评价法和灰色关联分析评价法等。这些方法应用灵活，同时也各有优缺点。

2.1.1　层次分析法

层次分析法(AHP)是美国运筹学家萨迪(Saaty)于20世纪70年代中期提出的一种定性与定量相结合、系统化、层次化的分析方法。这种方法将决策者的经验给予量化，特别适用于目标结构复杂且缺乏数据的情况，是一种定性与定量分析相结合的多目标决策分析方法。虽然层次分析法较好地考虑和集成了综合评价过程中的各种定性与定量信息，但是在应用中仍摆脱不了评价过程中的随机性和评价专家主观上的不确定性及认识上的模糊性，判断矩阵易出现严重的不一致现象。当同一层次的元素很多时，除了使上述问题更突出外，还容易使决策者作出矛盾和混乱的判断。在综合评价方法应用中，层次分析法是使用频率最高的方法。

2.1.2　主成分分析法

主成分分析法是利用降维的思想，把多指标转化为几个综合指标的多元统计分析方法。在多数情况下，不同指标之间是有一定相关性的，主成分分析法正是根据评价指标中存在着一定相关性的特点，用较少的指标代替原来较多的指标，并使这些较少的指标尽可能地反映原来指标的信息，从根本上解决了指标间的信息重叠问题，又大大简化了原指标体系的指标结构，因此在社会经济统计中也是应用较多、效果较好的方法。其综合因子的权重不是人为确定的，而是由贡献率大小确定的。这就克服了一些方法中人为确定权数的缺陷，使得综合评价结果唯一，而且客观合理。其缺点是要求样本量较大，过程较烦琐。另外，主成分分析法假设指标之间的关系都呈线性关系，但在实际应用时，若指标之间的关系并非线性关系，那么就有可能导致评价结果产生偏差。

2.1.3　因子分析法

因子分析法是把一些具有错综复杂关系的变量归结为少数几个无关的新的综

合因子的一种多变量统计分析方法。其基本思想是根据相关性大小对变量进行分组，使同组内变量之间的相关性较高，不同组变量的相关性较低。因子分析法在多元统计中属于降维思想中的一种，其中一个前提条件是评价指标之间应该有较强的相关关系。如果指标之间的相关程度很低，指标不可能共享公共因子，公共因子对于指标的综合影响就偏低。

2.1.4 模糊评价法

模糊评价法是以模糊数学为基础，应用模糊关系合成的原理，将一些边界不清、不易定量的因素定量化，进行综合评价的一种方法。模糊评价法的优点是，隶属函数和模糊统计方法为定性指标定量化提供了有效的方法，实现了定性和定量方法的有效集合。在客观事物中，一些问题往往不是绝对的肯定或绝对的否定，模糊综合评判方法很好地解决了判断的模糊性和不确定性问题；所得结果为一个向量，即评语集在其论域上的子集，克服了传统数学方法结果单一性的缺陷，结果包含的信息量丰富。模糊评价法的缺点是，不能解决评价指标间相关造成的评价信息重复问题，以及各因素权重的确定带有一定的主观性。在某些情况下，隶属函数的确定有一定困难，尤其是多目标评价模型，要对每个目标、每个因素确定隶属函数，过于烦琐，实用性不强。

2.1.5 灰色关联分析评价法

灰色关联分析评价法是针对数据少且不明确的情况下，利用既有数据潜在的信息进行白化处理，并进行预测或决策的方法，主要用来研究一些信息不完全的对象、外延确定而内涵不确定的概念，以及关系不明确的机制。灰色关联分析评价法计算简单，通俗易懂，数据不必进行归一化处理，可用原始数据进行直接计算。但该方法与数据统计的相关分析在计算结果上常常有一定的差异，故应用灰色关联度量化模型时必须持谨慎的态度。

2.2 宜居性综合评价模型选择

综合评价的数学方法很多，但是每种方法考虑问题的侧重点不尽相同。选择方法不同，有可能导致评价结果的不同，因此在进行综合评价时，应做到具体问题具体分析，根据被评价对象本身的特性，在遵循客观性、可操作性和有效性原则的基础上选择合适的评价方法。国土空间宜居性综合评价的内容较多，相互之间存在错综复杂的联系，如经济、社会、生态环境等方面，这些评价内容涉及的具体指标又更复杂，因此，针对宜居性错综复杂的评价内容，需要对评价指标进行层次化分类，厘清一个层次结构，这样方便综合评价有效进行，保障评价结果真实可靠。因此，本书拟采用层次分析法对国土空间宜居性进行综合评价。

层次分析法是一种定性与定量相结合的决策分析方法。它是一个将决策者对复杂系统的决策思维过程模型化、数量化的过程。运用这种方法，决策者通过将复杂问题分解为若干层次和若干因素，在各因素之间进行简单的比较和计算，从而得出不同方案重要性程度的权重，为最佳方案的选择提供依据。这种方法的特点是：①思路简单明了，它将决策者的思维过程条理化、数量化，便于计算，容易被人们接受；②需要的定量化数据较少，但对问题的本质、问题涉及的因素及其内在关系分析得比较透彻和清楚。层次分析法常常被运用于多目标、多准则、多要素、多层次的非结构化的复杂地理决策问题的研究，特别是战略决策问题的研究，具有十分广泛的实用性。

同时，层次分析法也具有一定的局限性，即存在较大的随意性。譬如，对于同样一个决策问题，如果在互不干扰、互不影响的条件下，让不同的人同样都采用层次分析法进行研究，他们建立的层次结构模型、构造的判断矩阵极有可能是各不相同的，分析得出的结论也可能存在差异。为了克服这个缺点，在实际运用中，需要邀请尽可能多的行业专家对问题进行判断，同时，设计者对比较因素的数量需要控制在一定范围内。根据相关研究（吴殿廷 等，2005），判断矩阵的比较因素最好控制在9个以内，这样专家对因素比较的打分才不易受因素众多的干扰。最后，对专家的不同意见，有必要进行一些综合，如取各个专家判断值的平均数、众数或中位数等。

层次分析法的基本原理可以用以下简单的事例分析来说明。假设有 n 个物体 $A_1, A_2, \cdots, A_n$，它们的重量分别记为 $W_1, W_2, \cdots, W_n$。现将每个物体的重量两两进行比较，如表 2.1 所示。

表 2.1　层次分析法判断矩阵

物体编号	A_1	A_2	…	A_n
A_1	W_1/W_1	W_1/W_2	…	W_1/W_n
A_2	W_2/W_1	W_2/W_2	…	W_2/W_n
…	…	…	…	…
A_n	W_n/W_1	W_n/W_2	…	W_n/W_n

若以矩阵表示各物体的这种相互重量关系，即

$$\boldsymbol{A}=\begin{bmatrix} W_1/W_1 & W_1/W_2 & \cdots & W_1/W_n \\ W_2/W_1 & W_2/W_2 & \cdots & W_2/W_n \\ \vdots & \vdots & & \vdots \\ W_n/W_1 & W_n/W_2 & \cdots & W_n/W_n \end{bmatrix} \tag{2.1}$$

式中，$\boldsymbol{A}$ 称为判断矩阵。若取重量向量 $\boldsymbol{W}=[W_1, W_2, \cdots, W_n]^{\mathrm{T}}$，则有

$$\boldsymbol{AW}=n\boldsymbol{W} \tag{2.2}$$

显然，在式(2.2)中，$\boldsymbol{W}$ 是判断矩阵 $\boldsymbol{A}$ 的特征向量，n 是 $\boldsymbol{A}$ 的一个特征值。事实上，

根据线性代数知识，n 是矩阵 $\boldsymbol{A}$ 的唯一非零的、也是最大的特征值，而 $\boldsymbol{W}$ 为 n 所对应的特征向量。

这个事例说明，如果有一组物体，需要知道它们的重量，而又没有衡量器，那么就可以通过两两比较它们的相互重量，得出每对物体重量比的判断，从而构成判断矩阵；然后通过求解判断矩阵的最大特征值和它所对应的特征向量，得出这一组物体的相对重量。这一思想实际上就是层次分析法的基本思路。在复杂的决策问题研究中，对于一些无法度量的因素，只要引入合理的度量标度，通过构造判断矩阵，就可以度量各因素之间的相对重要性，从而为有关决策提供依据，这就是层次分析法的基本原理。

层次分析法的基本步骤主要有7步。

第一步，明确问题。厘清研究问题的范围、包含的因素，以及各因素之间的关系等，掌握充分的信息。

第二步，建立层次结构模型。将问题所含的要素进行分组，把每一组作为一个层次，按照最高层（目标层）、若干中间层（准则层）及最低层（指标层）的形式排列起来。这种层次结构模型常用结构图表示，可以清楚标明上下层元素之间的关系。

第三步，构造判断矩阵。该步骤是层次分析法的关键。判断矩阵表示是针对上一层次中的某元素而言的，评定该层次中各有关元素相对重要性的状况，其形式为

$$\boldsymbol{R}=\begin{bmatrix} r_{11} & r_{12} & \cdots & r_{1n} \\ r_{21} & r_{22} & \cdots & r_{2n} \\ \vdots & \vdots & & \vdots \\ r_{n1} & r_{n2} & \cdots & r_{nn} \end{bmatrix} \tag{2.3}$$

式中，r_{ij} 表示元素 i 和元素 j 比较时二者相对重要性的判断值。一般采用1～9的标度（及其倒数）对比较结果进行量化（表2.2）。

表2.2　指标标度体系

对比结果	标度
2个因素对比，具有相同重要性	1
2个因素对比，前者比后者稍微重要	3
2个因素对比，前者比后者明显重要	5
2个因素对比，前者比后者强烈重要	7
2个因素对比，前者比后者极端重要	9
上述相邻判断的中间值	2,4,6,8
若因素 i 与因素 j 的重要性之比为 r_{ij}，那么因素 j 与因素 i 的重要性之比为 $r_{ji}=1/r_{ij}$	$r_{ji}=1/r_{ij}$

显然，对于任何判断矩阵都应满足

$$\left.\begin{aligned} b_{ii} &= 1 \\ b_{ij} &= \frac{1}{b_{ji}} \quad (i, j = 1, 2, \cdots, n) \end{aligned}\right\} \tag{2.4}$$

一般而言,判断矩阵的数值是根据数据资料、专家意见和分析者的认识,加以平衡后给出的。衡量判断矩阵质量的标准是矩阵中的判断是否具有一致性。如果判断矩阵存在如下关系

$$b_{ij} = \frac{b_{ik}}{b_{jk}} \quad (i, j, k = 1, 2, \cdots, n) \tag{2.5}$$

那么,则称判断矩阵具有完全一致性。但是因客观事物的复杂性和人们认识上的多元化,可能会产生片面性,因此需要每一个判断矩阵都具有完全一致性显然是不可能的,特别是因素众多、规模较大的问题更是如此。为了考查层次分析法得出的结果是否基本合理,需要对判断矩阵进行一致性检验。当计算得出的矩阵一致性值小于0.1,就认为判断矩阵具有令人满意的一致性;否则,当一致性值不小于0.1,就需要调整判断矩阵,直到满意为止。

第四步,进行层次单排序。层次单排序的目的是,对于上一层次中的某元素而言,确定本层次与之有联系的各元素重要性次序的权重值。它是本层次所有元素对上一层次某元素而言的重要性排序的基础。层次单排序的任务可以归结为计算判断矩阵的特征根和特征向量问题,即对于判断矩阵 $\boldsymbol{B}$,计算满足

$$\boldsymbol{BW} = \lambda_{\max} \boldsymbol{W} \tag{2.6}$$

式中,$\lambda_{\max}$ 为 $\boldsymbol{B}$ 的最大特征根,$\boldsymbol{W}$ 为对应于 $\lambda_{\max}$ 的正规化特征向量,$\boldsymbol{W}$ 的分量 $\boldsymbol{W}_i$ 就是对应元素单排序的权重值。

第五步,进行层次总排序。利用同一层次中所有层次单排序的结果,就可以计算针对上一层次而言的本层次所有元素的重要性权重值,这就称为层次总排序。层次总排序需要从上到下地逐层顺序进行。对于最高层,其层次单排序就是总排序。

第六步,进行一致性检验。为了评价层次总排序的计算结果的一致性,类似于层次单排序,也需要进行一致性检验。为此,需要分别计算的指标有

$$CI = \sum_{j=1}^{m} a_j CI_j \tag{2.7}$$

$$RI = \sum_{j=1}^{m} a_j RI_j \tag{2.8}$$

$$CR = \frac{CI}{RI} \tag{2.9}$$

式(2.7)中,CI 为层次总排序的一致性指标,CI_j 为与 a_j 对应的 $\boldsymbol{B}$ 层次中判断矩阵的一致性指标;式(2.8)中,RI 为层次总排序的随机一致性指标,RI_j 为与 a_j 对应

的 **B** 层次中判断矩阵的随机一致性指标；式(2.9) 中，CR 为层次总排序的随机一致性比例。同样，当 $CR < 0.1$ 时，认为层次总排序的计算结果具有令人满意的一致性；否则，就需要对本层次的各判断矩阵进行调整，直至层次总排序的一致性达到要求为止。

第七步，计算权重。在层次分析法中，最根本的计算任务就是求解判断矩阵的最大特征根及其对应的特征向量。这些问题当然可以用线性代数知识去求解，并且能够利用计算机求得任意高精度的结果。但事实上，在层次分析法中，判断矩阵的最大特征根及其对应的特征向量的计算，并不需要追求太高的精度。这主要是因为判断矩阵本身就是将定性问题定量化的结果，允许存在一定的误差范围。因此，常用方根法与和积法两种近似算法求解判断矩阵的最大特征根及其所对应的特征向量。

2.3　宜居性综合评价指标体系设计原则

评价国土空间宜居性综合状况，需要选择评价指标，首先应该确定宜居性综合评价指标体系的构建原则，在明确构建原则之后，才能使选择的指标更具体，更具有科学合理性。为了尽量科学准确地建立低碳经济发展指标体系，根据系统论思想，设立以下指标原则。

2.3.1　全面性原则

评价指标体系应是尽可能全面地反映各种因素的指标，既要考虑经济因素，又要考虑社会、生态环境因素，以及城市公共安全等抵御自然灾害的因素。也就是说，指标体系需要反映被评价对象的各个侧面，绝对不能扬长避短。这样的指标有机组合成一个全面的指标体系。

2.3.2　重要性原则

重要性就是把最能反映评价对象的核心内容挑选出来，如适合居住必备条件的衣食住行涉及的方面，包括环境、经济、公共基础设施等。

2.3.3　层次性原则

宜居性涉及内容众多，是一个复杂的大系统，它可以分解为若干个较小的亚系统，亚系统又可以分为若干个子系统。在较高的层次上，应选择一些概括性指标，而越往下指标应该越具体、越细化。这样可以使指标体系更系统、更有条理和逻辑性。

2.3.4 可比性原则

构造的评价指标体系必须对每一个评价对象是公平的,也即评价指标体系具有可普适性。

2.3.5 可操作性原则

评价指标体系中的指标内容应该简单明了,有明确的含义,要考虑指标量化和数据取得的难易程度等问题。指标应该能从现有统计资料中直接获取,或能通过对现有资料的整理间接获得。指标的计算方法应当明确,不要过于复杂,以保证指标体系的顺利建立。

2.3.6 科学性原则

整个综合评价指标体系从元素到结构,从每一个指标计算到计算方法都必须科学、合理、准确。

2.4 宜居性综合评价指标体系构建

根据宜居性的内涵,国土空间宜居性评价指标体系应该是由多种因素组成的综合系统,涉及经济、社会、生态等多方面。基于指标体系的构建原则,将国土空间宜居性分为三个层次,即目标层、准则层和指标层。目标层是研究的核心问题。准则层起承上启下的作用,设计是否得当将关系到整个指标体系的质量。借鉴相关研究成果特别是参考《宜居城市科学评价标准》,本书将指标体系的准则层分为社会发展、经济发展、生态环境、资源承载、基础设施和公共安全共 6 个层面。对于各准则层面的具体指标,参考相关研究成果及数据来源的可操作性,共选取了 39 个指标(表 2.3)。其中,社会发展和经济发展指标来源于社会统计,生态环境和资源承载指标来源于社会统计和地理国情普查统计,而基础设施和公共安全指标则来源于地理国情普查统计,即社会统计指标 17 个,地理国情统计指标 22 个。社会发展主要包括常住人口密度、人口自然增长率、最低生活保障人数占比、人均住房面积、教育支出比重、文化娱乐服务支出比重和城市化率;经济发展主要包括人均地区生产总值(gross domestic product, GDP)、第三产业 GDP 占地区总 GDP 比重、对外贸易额占 GDP 比重、能源消费弹性系数、高技术产业比重、财政收入占 GDP 比重、全社会固定资产投资额占 GDP 比重;生态环境主要包括植被覆盖度、草地覆盖度、水域覆盖度、硬化地表面积占比、污水处理率、细颗粒物(PM2.5)年均浓度值;资源承载主要包括土地开发强度、人均建设用地面积、人均耕地面积、单位建设用地 GDP、万元 GDP 能耗、人均道路面积;基础设施主要包括房屋建筑区密度、建筑量密度、道路密度、交通设施密度、学校 1 千米范围内的行政村比例、医院 3 千米范围内的行政村比例、社会福利机构 5 千米范围内的行政村比例；公共安全主要包括城市积水点、地表水源地、垃圾场站、危险废物处置场、重点污染源、应急避难场所。

表 2.3　国土空间宜居性评价指标体系

准则层	指标层	来源
社会发展	常住人口密度(人/平方千米)	社会统计
	人口自然增长率(%)	社会统计
	最低生活保障人数占比(%)	社会统计
	人均住房面积(平方米)	社会统计
	教育支出比重(%)	社会统计
	文化娱乐服务支出比重(%)	社会统计
	城市化率(%)	社会统计
经济发展	人均 GDP(万元)	社会统计
	第三产业 GDP 占地区总 GDP 比重(%)	社会统计
	对外贸易额占 GDP 比重(%)	社会统计
	能源消费弹性系数	社会统计
	高技术产业比重(%)	社会统计
	财政收入占 GDP 比重(%)	社会统计
	全社会固定资产投资额占 GDP 比重(%)	社会统计
生态环境	植被覆盖度(%)	地理国情普查统计
	草地覆盖度(%)	地理国情普查统计
	水域覆盖度(%)	地理国情普查统计
	硬化地表面积占比(%)	地理国情普查统计
	污水处理率(%)	社会统计
	细颗粒物(PM2.5)年均浓度值(微克/立方米)	社会统计
资源承载	土地开发强度(%)	地理国情普查统计
	人均建设用地面积(平方米)	地理国情普查统计
	人均耕地面积(平方米)	地理国情普查统计
	单位建设用地 GDP(元/平方米)	地理国情普查统计
	万元 GDP 能耗(吨标准煤)	社会统计
	人均道路面积(平方米)	地理国情普查统计
基础设施	房屋建筑区密度(%)	地理国情普查统计
	建筑量密度(%)	地理国情普查统计
	道路密度(千米/平方千米)	地理国情普查统计
	交通设施密度(个/平方千米)	地理国情普查统计
	学校 1 千米范围内的行政村比例(%)	地理国情普查统计
	医院 3 千米范围内的行政村比例(%)	地理国情普查统计
	社会福利机构 5 千米范围内的行政村比例(%)	地理国情普查统计

续表

准则层	指标层	来源
公共安全	城市积水点(个)	地理国情普查统计
	地表水源地(个)	地理国情普查统计
	垃圾场站(个)	地理国情普查统计
	危险废物处置场(个)	地理国情普查统计
	重点污染源(个)	地理国情普查统计
	应急避难场所(个)	地理国情普查统计

部分指标解释如下。

(1)最低生活保障人数占比:统计区域内城乡最低生活保障人数总额占常住人口的比例,反映区域社会发展进步的水平。

(2)教育支出比重:教育支出费用占 GDP 的比例,反映区域重视教育发展的程度。

(3)能源消费弹性系数:主要反映能源消费增长速度与国民经济增长速度之间的比例关系,通常用两者年平均增长率间的比值表示。

(4)高技术产业比重:主要统计信息传输、软件和信息技术服务业,以及科学研究和技术服务业的产值占 GDP 的比例。

(5)房屋建筑区密度:按照地理国情统计标准,将连片房屋图斑面积划定为房屋建筑区,统计房屋建筑区面积占行政区总面积的比例。该指标主要反映区域房屋建筑消耗土地面积的相对程度。

(6)建筑量密度:统计区域内建筑的总面积占行政区总面积的比例。该指标反映区域各类建筑量开发占地的相对程度。

(7)学校 1 千米范围内的行政村比例:统计学校 1 千米范围内包围的行政村数量占区域内总行政村数量的比例,旨在反映基础设施便利性程度。

第3章　北京市国土空间宜居性综合评价

基于北京市地理国情数据和社会经济统计数据，按照宜居性指标体系构建原则，构建北京市国土空间宜居性指标，然后通过对构建的指标数据进行预处理，得到标准化数据，基于准则层、指标层，构造相应的判断矩阵，通过层次分析法，利用YAAHP软件，计算准则层、指标层相对于总目标的权重，最后按权重统计各指标得分，得到国土空间宜居性综合得分。本章分别介绍数据预处理、递阶层次结构、判断矩阵构造、指标权重计算、综合得分等部分。

3.1　数据预处理

按照表2.3，从《北京统计年鉴》、各区统计年鉴，以及地理国情普查统计数据获取相应指标，其中有些指标需要根据基础指标通过简单运算得到，如能源消费弹性系数等。获取指标值之后，还需要逆向处理一些阻碍指标，然后再对数据进行标准化处理。

3.1.1　阻碍指标逆向化

在39个指标中，大部分指标是正向变化，即指标的变化方向与宜居性变化方向保持一致，如植被覆盖度；而有些指标是逆向变化，即指标值的增加阻碍地区的宜居性，如能源消费弹性系数，该指标值增加，表明同样的GDP增长速度需要更大比例的能源消费增长速度，这不符合节能要求，与宜居性的发展目标相悖。逆向指标包括能源消费弹性系数、全社会固定资产投资额占GDP比重、硬化地表面积占比、细颗粒物(PM2.5)年均浓度值、土地开发强度、人均建设用地面积、万元GDP能耗、城市积水点、垃圾场站、危险废物处置场、重点污染源。对逆向指标需要进行逆向处理，如取倒数或者取反数等。考虑有些逆向指标含有负数，如能源消费弹性系数，如果取倒数，并不能使指标变化方向与宜居性方向保持一致，又如城市积水点等，有些区域存在零值，取倒数没有意义，因此，本书对逆向指标进行取反数逆向处理，即

$$x' = -x \tag{3.1}$$

式中，x'为取反数后的新值，x为指标原始值。通过逆向处理后，新指标的变化方向即为正向变化，与宜居性变化保持一致。

3.1.2　数据标准化

指标具有不同的量纲和量纲单位，各指标间无法进行直接综合评价与对比，为

解决这一问题，需要对指标进行标准化处理。在此，采用与指标最大绝对值进行比较的方法得到各指标的新标准化值，即

$$y' = \frac{y}{|y|_{\max}} \tag{3.2}$$

式中，y' 为标准化后的变量，y 为原始变量。

通过对数据指标进行预处理后，得到 39 个指标标准化后的结果（表 3.1 至表 3.6）[1]。

表 3.1 标准化后的社会发展评价指标

行政区	常住人口密度	人口自然增长率	最低生活保障人数占比	人均住房面积	教育支出比重	文化娱乐服务支出比重	城市化率
东城区	0.841 7	−0.228 5	0.551 2	0.358 3	0.261 3	0.940 7	1.000 0
西城区	1.000 0	−0.106 6	0.549 0	0.321 9	0.188 0	0.558 5	1.000 0
朝阳区	0.331 7	0.291 9	0.128 6	0.587 0	0.315 7	0.319 0	0.994 7
丰台区	0.296 2	0.362 0	0.163 7	0.497 1	0.358 6	0.493 8	0.994 0
石景山区	0.301 4	0.106 7	0.475 0	0.414 5	0.589 6	0.732 0	1.000 0
海淀区	0.334 2	0.150 9	0.057 4	0.352 2	0.818 8	1.000 0	0.978 6
房山区	0.020 4	0.334 9	0.314 2	0.858 5	0.440 6	0.067 3	0.707 5
通州区	0.059 3	0.562 8	0.191 9	0.652 9	0.567 6	0.054 6	0.640 1
顺义区	0.039 4	0.552 8	0.167 6	0.833 9	0.193 4	0.032 3	0.543 1
昌平区	0.057 0	1.000 0	0.054 1	0.379 6	0.813 1	0.100 7	0.813 0
大兴区	0.058 7	0.381 7	0.075 5	0.777 4	0.290 2	0.044 9	0.710 0
门头沟区	0.008 3	0.226 7	1.000 0	0.760 9	0.505 0	0.196 9	0.866 9
怀柔区	0.007 1	0.273 2	0.474 1	0.770 3	0.503 7	0.894 5	0.664 1
平谷区	0.017 4	0.000 0	0.747 2	1.000 0	0.754 4	0.216 8	0.550 8
密云区	0.008 4	0.072 6	0.981 5	0.871 6	0.743 5	0.083 4	0.555 3
延庆区	0.006 1	−0.219 6	0.580 5	0.941 6	1.000 0	0.433 9	0.512 7

表 3.2 标准化后的经济发展评价指标

行政区	人均 GDP	第三产业 GDP 占地区总 GDP 比重	对外贸易额占 GDP 比重	能源消费弹性系数	高技术产业比重	财政收入占 GDP 比重	全社会固定资产投资额占 GDP 比重
东城区	0.814 8	1.000 0	0.212 2	−0.365 1	0.477 9	0.178 3	−0.062 4
西城区	1.000 0	0.949 4	1.000 0	−0.252 4	0.204 1	0.220 1	−0.037 1
朝阳区	0.465 7	0.963 0	0.940 9	0.034 4	0.330 1	0.236 9	−0.131 7

[1] 数据时间均为 2015 年。

续表

行政区	人均 GDP	第三产业GDP 占地区总 GDP比重	对外贸易额占 GDP比重	能源消费弹性系数	高技术产业比重	财政收入占 GDP比重	全社会固定资产投资额占GDP 比重
丰台区	0.199 8	0.820 8	0.297 4	−0.327 7	0.463 7	0.276 8	−0.363 6
石景山区	0.261 9	0.699 4	0.038 9	1.000 0	0.537 8	0.333 0	−0.230 8
海淀区	0.495 7	0.915 3	0.207 0	−0.146 7	1.000 0	0.157 8	−0.093 1
房山区	0.210 5	0.408 0	0.029 9	0.011 5	0.087 3	0.718 8	−0.473 4
通州区	0.171 5	0.522 6	0.083 3	0.230 0	0.067 1	0.790 1	−0.663 5
顺义区	0.560 7	0.609 5	0.176 0	−0.373 0	0.051 7	0.239 5	−0.159 3
昌平区	0.132 9	0.642 3	0.128 6	0.325 9	0.354 1	0.499 8	−0.436 1
大兴区	0.404 4	0.439 1	0.229 2	−0.174 9	0.154 0	0.258 9	−0.374 7
门头沟区	0.185 7	0.532 6	0.073 0	−0.177 5	0.107 3	1.000 0	−1.000 0
怀柔区	0.242 0	0.424 7	0.075 4	0.408 6	0.054 0	0.463 5	−0.275 8
平谷区	0.184 9	0.464 8	0.103 6	−0.146 7	0.023 9	0.376 3	−0.367 7
密云区	0.187 8	0.504 3	0.099 9	−0.061 2	0.042 2	0.456 8	−0.234 1
延庆区	0.135 7	0.683 9	0.043 2	−0.479 7	0.023 5	0.271 6	−0.327 2

表 3.3　标准化后的生态环境评价指标

行政区	植被覆盖度	草地覆盖度	水域覆盖度	硬化地表面积占比	污水处理率	细颗粒物(PM2.5)年均浓度值
东城区	0.177 8	0.200 5	0.368 1	−0.910 2	1.000 0	−0.874 5
西城区	0.162 9	0.088 9	0.746 8	−0.803 8	1.000 0	−0.861 0
朝阳区	0.391 5	1.000 0	0.476 6	−0.903 1	1.000 0	−0.865 1
丰台区	0.456 8	0.968 2	0.417 0	−1.000 0	1.000 0	−0.899 4
石景山区	0.492 7	0.439 7	0.293 6	−0.718 7	1.000 0	−0.866 2
海淀区	0.521 5	0.480 9	0.510 6	−0.513 0	1.000 0	−0.829 9
房山区	0.867 4	0.381 8	0.217 0	−0.202 5	0.761 7	−0.997 9
通州区	0.649 6	0.893 3	0.800 0	−0.406 6	0.668 1	−0.959 5
顺义区	0.696 4	0.800 6	0.451 1	−0.436 6	0.806 9	−0.844 4
昌平区	0.809 6	0.488 5	0.274 5	−0.314 4	0.544 5	−0.732 4
大兴区	0.649 5	0.640 7	0.189 4	−0.339 6	0.787 8	−1.000 0
门头沟区	1.000 0	0.129 4	0.108 5	−0.042 6	0.686 8	−0.798 8
怀柔区	0.979 9	0.150 5	0.231 9	−0.061 5	0.780 0	−0.727 2
平谷区	0.888 6	0.257 6	0.404 3	−0.111 9	0.786 8	−0.817 4
密云区	0.926 0	0.296 3	1.000 0	−0.076 4	0.727 5	−0.703 3
延庆区	0.984 0	0.204 4	0.206 4	−0.059 9	0.809 4	−0.632 8

表 3.4 标准化后的资源承载评价指标

行政区	土地开发强度	人均建设用地面积	人均耕地面积	单位建设用地 GDP	万元 GDP 能耗	人均道路面积
东城区	−1.000 0	−0.109 8	0.000 0	0.682 8	−0.102 1	0.087 0
西城区	−0.995 6	−0.092 0	0.000 0	1.000 0	−0.077 0	0.074 5
朝阳区	−0.744 9	−0.207 5	0.002 4	0.206 5	−0.120 4	0.164 5
丰台区	−0.672 2	−0.209 7	0.003 8	0.087 7	−0.244 0	0.182 3
石景山区	−0.637 1	−0.195 3	0.001 8	0.123 3	−0.200 5	0.136 7
海淀区	−0.591 2	−0.163 4	0.004 5	0.279 0	−0.101 5	0.135 8
房山区	−0.199 1	−0.900 6	0.200 4	0.021 5	−1.000 0	0.616 0
通州区	−0.424 8	−0.662 0	0.150 5	0.023 8	−0.327 7	0.468 8
顺义区	−0.389 8	−0.915 2	0.243 1	0.056 4	−0.508 8	0.679 2
昌平区	−0.267 2	−0.433 2	0.031 8	0.028 2	−0.342 6	0.323 4
大兴区	−0.461 2	−0.725 5	0.230 6	0.051 3	−0.185 5	0.464 1
门头沟区	−0.054 9	−0.612 3	0.028 3	0.027 9	−0.300 2	0.567 1
怀柔区	−0.067 2	−0.881 0	0.401 3	0.025 3	−0.308 1	0.915 7
平谷区	−0.160 9	−0.855 6	0.307 5	0.019 9	−0.386 7	0.678 7
密云区	−0.086 2	−0.950 9	0.475 5	0.018 2	−0.349 6	0.772 1
延庆区	−0.066 3	−1.000 0	1.000 0	0.012 5	−0.402 3	1.000 0

表 3.5 标准化后的基础设施评价指标

行政区	房屋建筑区密度	建筑量密度	道路密度	交通设施密度	学校 1 千米范围内的行政村比例	医院 3 千米范围内的行政村比例	社会福利机构 5 千米范围内的行政村比例
东城区	0.986 3	0.874 3	0.958 8	0.542 6	1.000 0	1.000 0	1.000 0
西城区	1.000 0	1.000 0	1.000 0	0.586 3	1.000 0	1.000 0	1.000 0
朝阳区	0.590 7	0.454 3	0.500 9	1.000 0	0.875 4	0.993 0	1.000 0
丰台区	0.458 7	0.317 3	0.526 8	0.714 5	0.913 5	0.978 4	0.997 3
石景山区	0.510 4	0.299 0	0.424 2	0.375 2	0.967 1	1.000 0	1.000 0
海淀区	0.481 2	0.311 2	0.464 4	0.449 8	0.929 3	0.973 9	1.000 0
房山区	0.142 1	0.038 1	0.235 5	0.223 9	0.541 3	0.673 1	0.887 5
通州区	0.342 3	0.121 6	0.379 6	0.331 7	0.567 5	0.752 1	0.818 8
顺义区	0.292 7	0.088 6	0.403 2	0.244 6	0.387 7	0.817 7	0.950 1
昌平区	0.195 4	0.077 7	0.265 6	0.224 6	0.662 6	0.761 6	0.967 7
大兴区	0.345 9	0.115 6	0.394 4	0.252 8	0.556 1	0.672 7	0.871 2
门头沟区	0.037 4	0.011 3	0.110 1	0.112 0	0.560 7	0.692 9	0.753 6
怀柔区	0.050 0	0.013 7	0.098 9	0.072 2	0.305 0	0.500 0	0.682 4
平谷区	0.138 0	0.035 0	0.322 5	0.107 4	0.438 9	0.864 7	0.950 5
密云区	0.062 4	0.015 5	0.116 7	0.126 1	0.357 0	0.520 1	0.751 8
延庆区	0.050 8	0.011 0	0.145 9	0.070 3	0.337 3	0.494 1	0.829 0

表 3.6　标准化后的公共安全评价指标

行政区	城市积水点	地表水源地	垃圾场站	危险废物处置场	重点污染源	应急避难场所
东城区	−0.236 8	0.000 0	−0.071 1	0.000 0	−0.046 0	0.300 0
西城区	−0.315 8	0.000 0	−0.098 1	0.000 0	−0.041 8	0.300 0
朝阳区	−0.921 1	0.000 0	−0.345 3	−0.250 0	−0.225 9	0.550 0
丰台区	−0.763 2	0.000 0	−0.359 4	−0.250 0	−0.225 9	0.250 0
石景山区	−0.315 8	0.000 0	−0.044 0	0.000 0	−0.020 9	0.150 0
海淀区	−1.000 0	0.000 0	−0.797 8	0.000 0	−0.242 7	0.400 0
房山区	−0.157 9	0.250 0	−1.000 0	−0.500 0	−0.610 9	0.750 0
通州区	0.000 0	0.000 0	−0.057 1	−0.750 0	−0.506 3	0.200 0
顺义区	0.000 0	0.250 0	−0.011 0	0.000 0	−0.887 0	0.000 0
昌平区	−0.078 9	0.500 0	−0.017 0	−0.250 0	−0.288 7	1.000 0
大兴区	−0.026 3	0.000 0	−0.108 1	−1.000 0	−1.000 0	0.450 0
门头沟区	−0.052 6	0.500 0	−0.038 0	0.000 0	−0.121 3	0.550 0
怀柔区	0.000 0	1.000 0	−0.340 3	0.000 0	−0.426 8	0.000 0
平谷区	0.000 0	0.000 0	−0.246 2	0.000 0	−0.477 0	0.000 0
密云区	0.000 0	0.250 0	−0.271 3	0.000 0	−0.564 9	0.000 0
延庆区	0.000 0	0.250 0	−0.120 1	0.000 0	−0.401 7	0.100 0

3.2　递阶层次结构

运用层次分析法对国土空间宜居性进行综合评价，首先要建立宜居性指标体系递阶层次。基于前面构建的国土空间宜居性评价指标体系，将整个指标体系分为目标层、准则层和指标层。指标层用于评价准则层，准则层用于综合评价最终的国土空间宜居性。因此，建立递阶层次(图 3.1)。

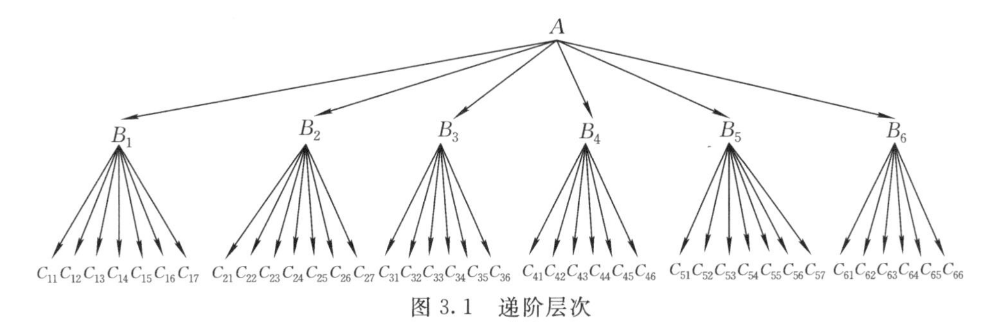

图 3.1　递阶层次

在递阶层次图中，$A=\{B_1,B_2,B_3,B_4,B_5,B_6\}=\{$社会发展系统，经济发展系统，生态环境系统，资源承载系统，基础设施系统，公共安全系统$\}$，$B_1=\{C_{11},C_{12},C_{13},C_{14},C_{15},C_{16},C_{17}\}=\{$常住人口密度，人口自然增长率，最低生活保障人数占

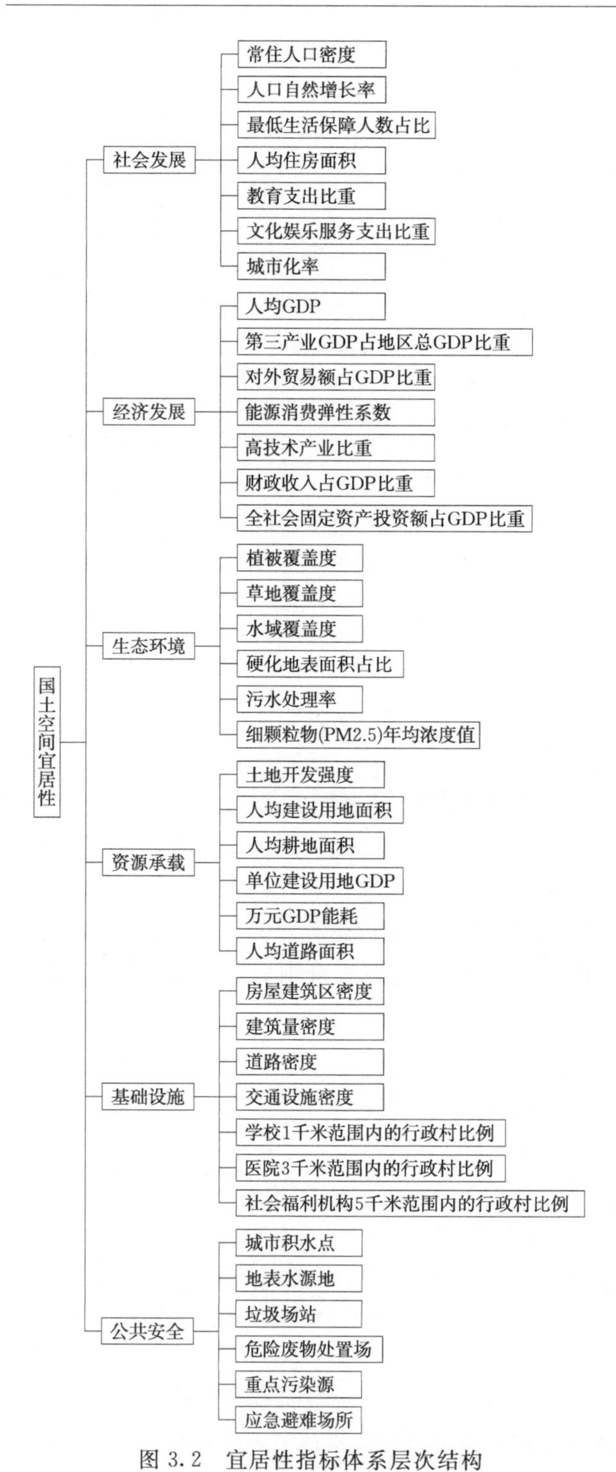

图 3.2　宜居性指标体系层次结构

比，人均住房面积，教育支出比重，文化娱乐服务支出比重，城市化率}，$B_2=\{C_{21},C_{22},C_{23},C_{24},C_{25},C_{26},C_{27}\}=$ {人均 GDP，第三产业 GDP 占地区总 GDP 比重，对外贸易额占 GDP 比重，能源消费弹性系数，高技术产业比重，财政收入占 GDP 比重，全社会固定资产投资额占 GDP 比重}，$B_3=\{C_{31},C_{32},C_{33},C_{34},C_{35},C_{36}\}=$ {植被覆盖度，草地覆盖度，水域覆盖度，硬化地表面积占比，污水处理率，细颗粒物(PM2.5)年均浓度值}，$B_4=\{C_{41},C_{42},C_{43},C_{44},C_{45},C_{46}\}=$ {土地开发强度，人均建设用地面积，人均耕地面积，单位建设用地 GDP，万元 GDP 能耗，人均道路面积}，$B_5=\{C_{51},C_{52},C_{53},C_{54},C_{55},C_{56},C_{57}\}=$ {房屋建筑区密度，建筑量密度，道路密度，交通设施密度，学校 1 千米范围内的行政村比例，医院 3 千米范围内的行政村比例，社会福利机构 5 千米范围内的行政村比例}，$B_6=\{C_{61},C_{62},C_{63},C_{64},C_{65},C_{66},C_{67}\}=$ {城市积水点，地表水源地，垃圾场站，危险废物处置场，重点污染源，应急避难场所}。总的层次结构如图 3.2 所示。

3.3　判断矩阵构造

针对宜居性指标体系，判断矩阵一共有7组，包括准则层1组，指标层6组，分别为(社会发展，经济发展，生态环境，资源承载，基础设施，公共安全)、(常住人口密度，人口自然增长率，最低生活保障人数占比，人均住房面积，教育支出比重，文化娱乐服务支出比重，城市化率)、(人均GDP，第三产业GDP占地区总GDP比重，对外贸易额占GDP比重，能源消费弹性系数，高技术产业比重，财政收入占GDP比重，全社会固定资产投资额占GDP比重)、(植被覆盖度，草地覆盖度，水域覆盖度，硬化地表面积占比，污水处理率，细颗粒物(PM2.5)年均浓度值)、(土地开发强度，人均建设用地面积，人均耕地面积，单位建设用地GDP，万元GDP能耗，人均道路面积)、(房屋建筑区密度，建筑量密度，道路密度，交通设施密度，学校1千米范围内的行政村比例，医院3千米范围内的行政村比例，社会福利机构5千米范围内的行政村比例)、(城市积水点，地表水源地，垃圾场站，危险废物处置场，重点污染源，应急避难场所)。本书中，采用专家打分法获取判断矩阵，共邀请6位专家给7组判断矩阵进行要素重要性打分。专家打分情况详见附表。

3.4　指标权重计算

基于6位专家对7组判断矩阵进行权重打分后得到的结果，应用YAAHP软件计算准则层、指标层相对于宜居性总目标的权重，结果如表3.7和表3.8所示。

表3.7　准则层相对于总目标的权重

准则层	相对总目标权重
社会发展	0.245 6
经济发展	0.220 9
生态环境	0.156 1
资源承载	0.134 1
基础设施	0.137 5
公共安全	0.105 6

表3.8　指标层相对于总目标的权重

指标层	相对总目标权重
常住人口密度	0.020 4
人口自然增长率	0.046 4
最低生活保障人数占比	0.022 9
人均住房面积	0.057 7

续表

指标层	相对总目标权重
教育支出比重	0.038 9
文化娱乐服务支出比重	0.030 5
城市化率	0.028 8
人均 GDP	0.049 6
第三产业 GDP 占地区总 GDP 比重	0.029 0
对外贸易额占 GDP 比重	0.024 4
能源消费弹性系数	0.030 0
高技术产业比重	0.044 7
财政收入占 GDP 比重	0.028 4
全社会固定资产投资额占 GDP 比重	0.014 8
植被覆盖度	0.032 1
草地覆盖度	0.010 4
水域覆盖度	0.051 7
硬化地表面积占比	0.005 5
污水处理率	0.028 9
细颗粒物(PM2.5)年均浓度值	0.027 7
土地开发强度	0.027 0
人均建设用地面积	0.029 4
人均耕地面积	0.013 8
单位建设用地 GDP	0.017 5
万元 GDP 能耗	0.037 1
人均道路面积	0.009 2
房屋建筑区密度	0.025 3
建筑量密度	0.018 9
道路密度	0.021 7
交通设施密度	0.035 2
学校 1 千米范围内的行政村比例	0.014 0
医院 3 千米范围内的行政村比例	0.012 7
社会福利机构 5 千米范围内的行政村比例	0.009 7
城市积水点	0.012 5
地表水源地	0.041 6
垃圾场站	0.012 5
危险废物处置场	0.004 7
重点污染源	0.003 7
应急避难场所	0.030 7

3.5　综合得分

基于 39 个指标标准化值与对应的权重(表 3.1 至表 3.8),计算宜居性综合得分,即

$$Z=\sum_{i=1}^{n=39}x_i w_i \tag{3.3}$$

式中,Z 为宜居性评价综合得分,x_i 为第 i 个指标标准化值,w_i 为第 i 个指标的权重。

通过式(3.3),得到北京市 16 个区的国土空间宜居性评价综合得分(表 3.9)。

表 3.9　北京市宜居性评价综合得分

行政区	得分	行政区	得分	行政区	得分
东城区	0.324 9	房山区	0.185 4	怀柔区	0.265 6
西城区	0.366 5	通州区	0.241 8	平谷区	0.209 1
朝阳区	0.327 6	顺义区	0.212 2	密云区	0.248 7
丰台区	0.262 6	昌平区	0.297 2	延庆区	0.205 3
石景山区	0.300 8	大兴区	0.195 5		
海淀区	0.326 4	门头沟区	0.247 2		

同样,应用式(3.3),将 Z 设置为宜居性子系统评价得分,如社会发展,可以得到 6 个子系统评价得分,如表 3.10 所示。

表 3.10　北京市宜居性各子系统评价得分

行政区	社会发展	经济发展	生态环境	资源承载	基础设施	公共安全
东城区	0.107 5	0.089 1	0.026 5	−0.021 3	0.117 8	0.005 2
西城区	0.099 7	0.108 8	0.045 4	−0.014 3	0.122 9	0.003 9
朝阳区	0.107 8	0.094 5	0.047 6	−0.025 5	0.104 2	−0.001 0
丰台区	0.112 9	0.054 3	0.044 8	−0.030 1	0.089 1	−0.008 4
石景山区	0.120 0	0.094 3	0.036 5	−0.026 9	0.076 9	0.000 0
海淀区	0.126 0	0.099 6	0.051 2	−0.018 3	0.079 0	−0.011 1
房山区	0.112 3	0.040 7	0.036 3	−0.060 1	0.042 0	0.014 3
通州区	0.111 6	0.048 2	0.062 0	−0.036 3	0.056 3	0.000 0
顺义区	0.102 6	0.045 3	0.051 5	−0.045 7	0.051 5	0.007 0
昌平区	0.128 8	0.061 7	0.039 0	−0.028 8	0.048 4	0.048 1
大兴区	0.098 6	0.041 8	0.030 5	−0.032 3	0.053 2	0.003 7
门头沟区	0.128 1	0.039 5	0.036 5	−0.024 5	0.031 4	0.036 1
怀柔区	0.134 1	0.049 9	0.047 1	−0.024 7	0.023 5	0.035 8
平谷区	0.127 0	0.027 1	0.051 6	−0.033 0	0.041 3	−0.004 8
密云区	0.123 8	0.035 9	0.085 6	−0.029 3	0.027 7	0.004 9
延庆区	0.124 5	0.017 1	0.049 9	−0.022 9	0.026 2	0.010 5

第 4 章　北京市国土空间宜居性综合评价分析

第 3 章计算了北京市 16 个区的国土空间宜居性综合得分及各子系统得分，本章将详细分析 6 个子系统得分情况与其空间分布特点，然后对宜居性综合得分进行剖析。

4.1　社会发展子系统

北京市各区社会发展子系统平均得分为 0.116 6，是 6 个子系统中平均得分最高的一项，第 1 级别的有怀柔区、昌平区、门头沟区、平谷区，第 2 级别的有海淀区、延庆区、密云区和石景山区，第 3 级别的有丰台区、房山区、通州区、朝阳区和东城区，第 4 级别的有顺义区、西城区和大兴区。通过社会发展子系统得分可以看出(图 4.1)，整体得分相差不大，最大区与最小区相差 0.035 5。作为核心区的东城区、西城区在社会发展子系统中跌至第 3、4 级别，主要原因是东、西城区的人口自然增长率极低，为负增长趋势，同时这两个区的人均住房面积指标得分极低，均为 16 个区的末几位，而人口自然增长率和人均住房面积这两个指标在宜居性总目标中的权重又相对较高，分别占 4.64%和 5.77%。海淀区在城六区中排名靠前，主要原因是教育支出比重和文化娱乐服务支出比重指标占有绝对优势，使社会发展得分较高。

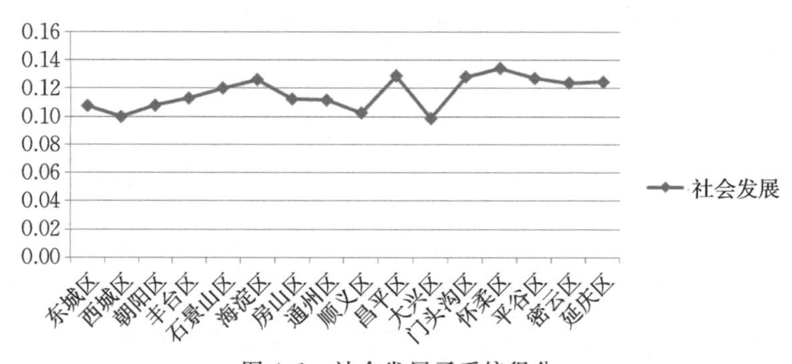

图 4.1　社会发展子系统得分

从空间布局来看(图 4.2)，社会发展子系统中，第 1、2 级别的区主要分布在北京市域西北部山区，而东南部平原地区则处于社会发展相对落后地区，主要原因是西北部山区经济相对落后，但是在人均住房面积、人口自然增长率方面相对处于优势地位，拉高了社会发展整体得分。东南部平原地区虽然社会发展相对落后一些，但并没有拉低多少全市整体分值。

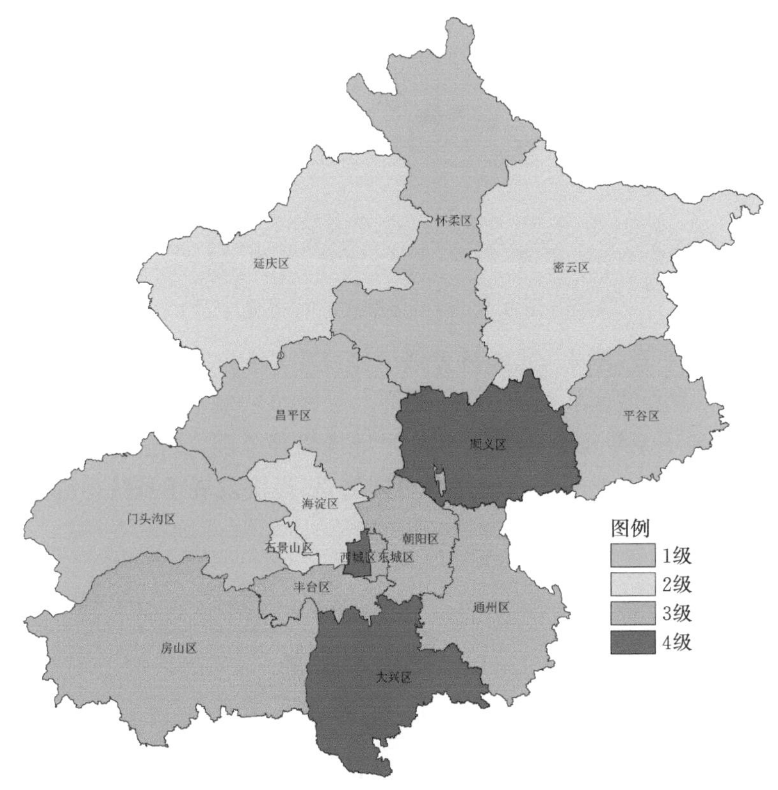

图 4.2　社会发展子系统空间分布

4.2　经济发展子系统

北京市各区经济发展子系统平均得分为 0.059 2，第 1 级别的有西城区、海淀区、朝阳区、石景山区和东城区，第 2 级别的有昌平区、丰台区、怀柔区和通州区，第 3 级别的有顺义区、大兴区、房山区、门头沟区和密云区，第 4 级别的有平谷区和延庆区。通过经济发展子系统得分可以看出(图 4.3)，各区得分差异较大，最大区与最小区相差 0.091 7，是社会发展子系统得分最大区与最小区差值的 2.5 倍左右。在经济发展子系统中，首都功能核心区和城市功能拓展区的海淀区、朝阳区和石景山区均进入第 1 级别，这些区在人均 GDP、高技术产业比重、能源消费弹性系数等重要经济指标上占有优势地位。延庆区和平谷区由于处于郊区，受中心城区经济辐射较少，经济发展较慢，人均 GDP、高技术产业比重及能源消费弹性系数等指标均处于劣势地位，因此，经济发展子系统得分远远落后于其余地区，排在倒数第一、第二位。

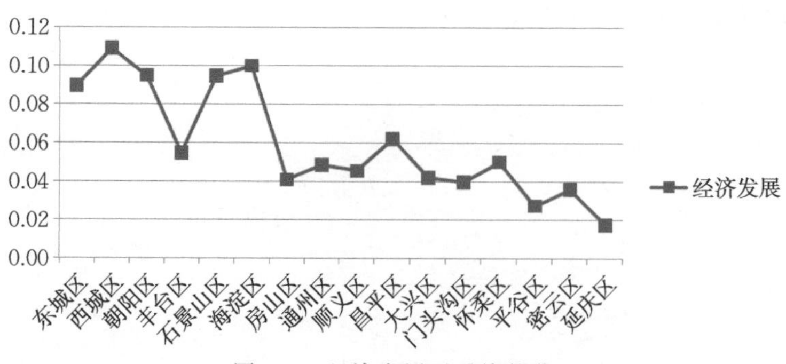

图 4.3 经济发展子系统得分

从空间布局来看(图 4.4),经济发展子系统中,第 1、2 级别的区主要分布在中心城区,随着与中心城区的距离越远,经济发展与中心城区差距越大,相应的等级越低。经济发展子系统得分在北京市域内呈现内强外弱,表现为从核心到外围逐渐衰减的趋势,与社会发展子系统得分不同的是,经济发展子系统得分在各区分布差异很大。

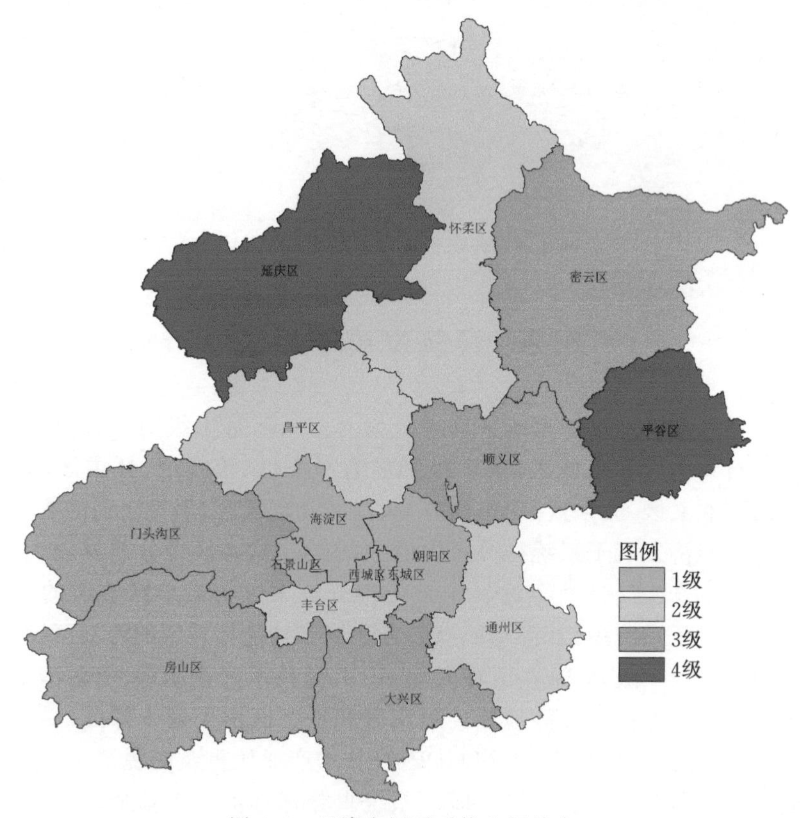

图 4.4 经济发展子系统空间分布

4.3　生态环境子系统

北京市各区生态环境子系统平均得分为 0.046 4，第 1 级别的仅有密云区，第 2 级别的有通州区、平谷区、顺义区、海淀区、延庆区、朝阳区、怀柔区、西城区和丰台区，第 3 级别的有昌平区、门头沟区、石景山区和房山区，第 4 级别的有大兴区和东城区。通过生态环境子系统得分可以看出(图 4.5)，得分最大区与最小区分别是密云区与东城区，二者相差 0.059 1。密云区拥有密云水库，为北京最大的水域面积，其水域覆盖度指标拥有绝对优势，而且在植被覆盖度、草地覆盖度等方面也都处于优良的地位，因此，密云区的生态环境子系统得分最高，且远超排第二位的通州区。东城区与西城区同属首都功能核心区，但二者的生态环境子系统得分差异却很大，这主要是因为西城区拥有的水域面积较大，在水域覆盖度指标上排在 16 个区的前三位，而水域覆盖度指标在宜居性总目标的权重为 0.051 7，因此，西城区水域覆盖度指标的得分弥补了部分弱项指标，如排在倒数几位的植被覆盖度、草地覆盖度和硬化地表面积占比。同样作为第 4 级别的大兴区，因为其地理位置因素，其细颗粒物(PM2.5)年均浓度值指标处于 16 个区的倒数第一位，严重影响了生态环境的综合得分。此外，大兴区同样在水域覆盖度指标上处于劣势，水域覆盖度排在倒数第二位，加上近年来大兴区作为新城发展迅速，致使植被覆盖度和草地覆盖度迅速下滑，因此大兴区的生态环境子系统得分较低。

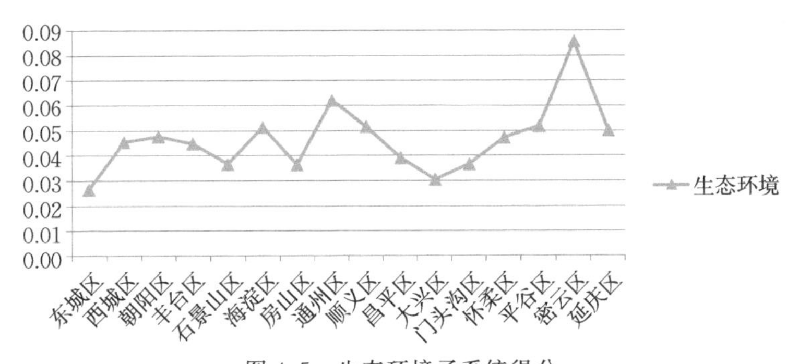

图 4.5　生态环境子系统得分

从空间布局来看(图 4.6)，东北部地区具有优良的生态环境，而西南部地区则相对较差。生态环境的空间分布具有相对集聚的特点。生态环境选取的指标包括自然生态，如植被覆盖度、草地覆盖度、水域覆盖度，同时还选取部分人为影响的指标，如硬化地表面积占比、污水处理率、细颗粒物(PM2.5)年均浓度值，中心城区在污水处理方面做得比远郊区要更好一些，因此生态环境的空间分布与自然生态环境空间分布稍有差异。

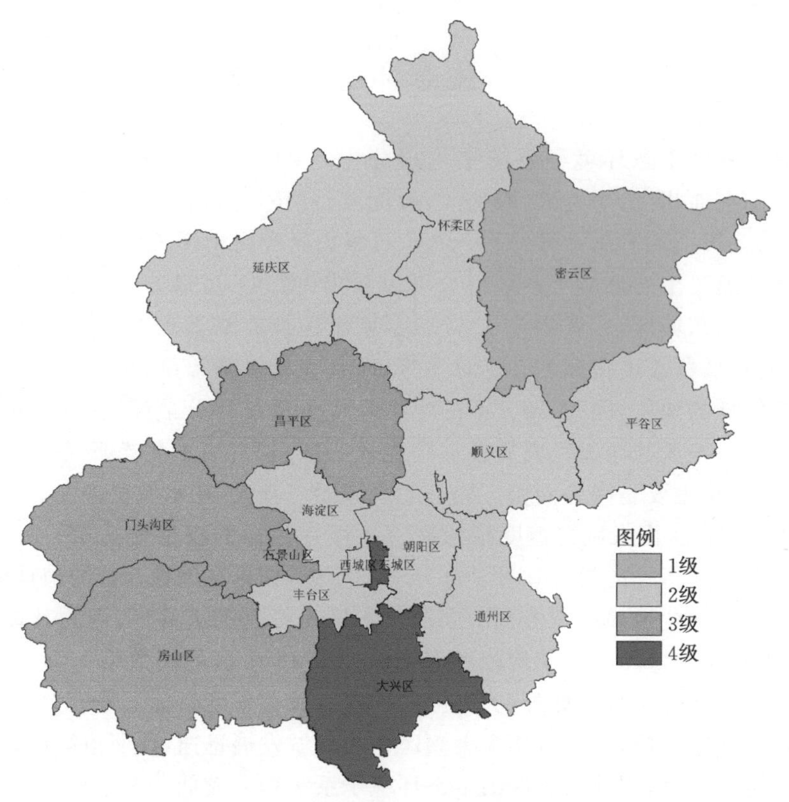

图 4.6　生态环境子系统空间分布

4.4　资源承载子系统

资源承载子系统得分在北京市 16 个区中均为负值，平均得分为－0.029 6，北京市资源承载处于严重的超载状态，形势严峻。第 1 级别的有西城区和海淀区，第 2 级别的有东城区、延庆区、门头沟区、怀柔区、朝阳区和石景山区，第 3 级别的有昌平区、密云区、丰台区、大兴区、平谷区和通州区，第 4 级别的有顺义区和房山区。通过资源承载子系统得分可以看出（图 4.7），房山区、顺义区、通州区、大兴区、昌平区等近郊发展迅速的区的资源承载能力要远低于城六区与远郊区。尤其是房山区，资源承载能力处于最低点，且与倒数第二的顺义区相差 0.014 4。房山区与顺义区在资源承载占最大权重的万元 GDP 能耗指标中排名倒数第一与第二位。同样，在人均建设用地面积这一逆向指标中，这两个区的得分也排在倒数几位，因此，资源承载子系统得分排在第 4 级别。与此相反，西城区与海淀区在万元 GDP 能耗、单位建设用地 GDP 及人均建设用地面积指标的得分均排在前面三位，因此，这两个区资源承载子系统得分负值相对较低，排在第 1 级别。

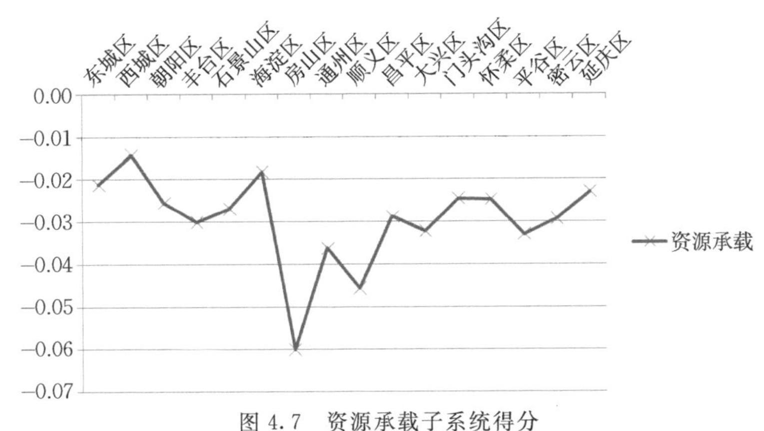

图 4.7　资源承载子系统得分

从空间布局来看(图 4.8),资源承载子系统得分具有如下特点:中心城区与西部远郊区的资源承载能力负值相对较小,而近郊迅速发展的新城区则资源承载能力负值较大,这主要是因为近郊发展迅速的新城区在经济快速发展的同时,并没有注重能耗减少问题,存在一些粗放发展,今后需要不断向集约发展靠拢。

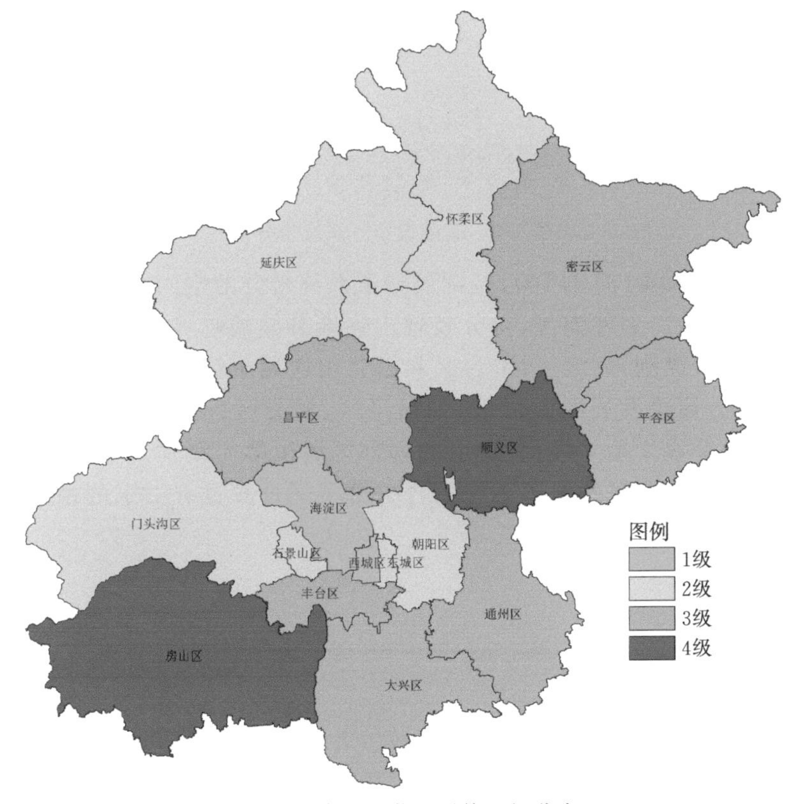

图 4.8　资源承载子系统空间分布

4.5 基础设施子系统

北京市各区基础设施子系统平均得分为 0.062 0，第 1 级别的有西城区、东城区和朝阳区，第 2 级别的有丰台区、海淀区和石景山区，第 3 级别的有通州区、大兴区、顺义区、昌平区、房山区和平谷区，第 4 级别的有门头沟区、密云区、延庆区和怀柔区。通过基础设施子系统得分可以看出(图 4.9)，各区得分差异较大，得分最大区与最小区相差 0.099 4，是 6 个子系统中得分差异最大的。在基础设施子系统中，各区的得分与自身的经济发展、城市化发展速度基本匹配，地理位置处于中心的区，基础设施发达完善，随着与中心城区距离的增加，基础设施相对削弱，如周边迅速发展的新城区，而远郊的山地区，基础设施综合得分急速下滑，这主要是地形因素阻碍了基础设施的发展。

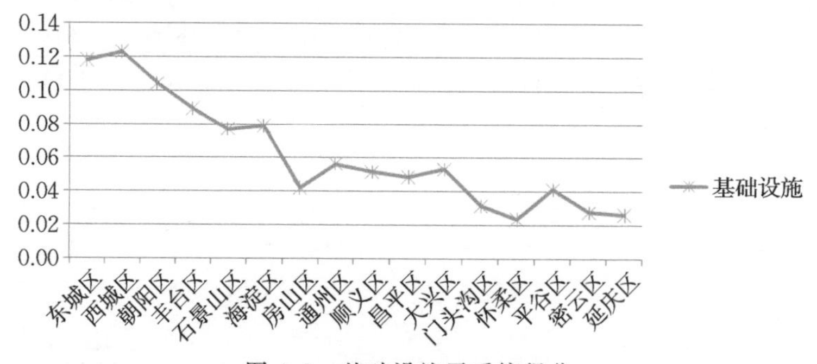

图 4.9 基础设施子系统得分

从空间布局来看(图 4.10)，基础设施子系统得分的空间分布具有明显的地域差异，从中心城区到外围区，得分表现出逐渐衰减的趋势。东城区、西城区与朝阳区属于第 1 级别，海淀区、丰台区和石景山区属于第 2 级别，随着与中心城区距离的增加，周边发展的新城区，如昌平区、顺义区、通州区、大兴区、房山区和平谷区的得分属于第 3 级别，剩下的远郊区属于第 4 级别。基础设施子系统得分的空间分布与经济发展子系统综合得分空间分布具有一定的相似性，即都具有内强外弱的特点。

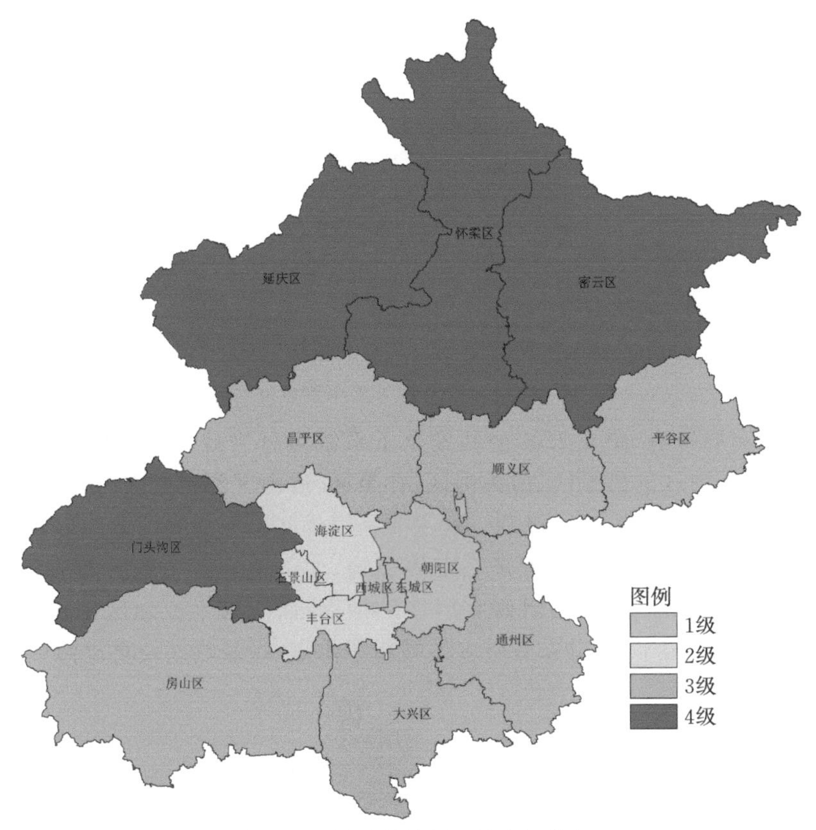

图 4.10　基础设施子系统空间分布

4.6　公共安全子系统

北京市各区公共安全子系统得分较低，平均得分为 0.009 0，仅比资源承载子系统平均得分高一点，低于其他 4 个子系统。第 1 级别的有昌平区、门头沟区和怀柔区，第 2 级别的有房山区和延庆区，第 3 级别的有顺义区、东城区、密云区、西城区、大兴区、石景山区、通州区和朝阳区，第 4 级别的有平谷区、丰台区和海淀区。通过公共安全子系统得分可以看出(图 4.11)，各区得分均较低，说明北京市在公共安全方面存在隐患，尤其是经济发达的城六区，平均得分为−0.001 9。海淀区、朝阳区、丰台区和平谷区的公共安全子系统得分均不大于 0，说明城市功能拓展区抵御自然灾害的能力非常弱，远低于整个北京市的平均水平。

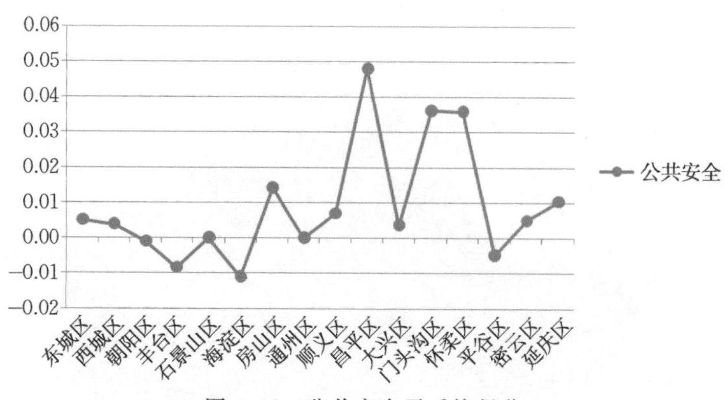

图 4.11　公共安全子系统得分

从空间布局来看(图 4.12),公共安全子系统得分表现出西部优、东部弱的特点,如处于西部山区的昌平区、门头沟区、怀柔区、房山区和延庆区均处于第 1、2 级别,而东部的区均属于第 3、4 级别。这主要是因为北京西部属山地地形,东部呈平原地形,地形因素给公共安全带来一定的影响,如山地地区一般分布有地表水源地,较少分布有城市积水点等阻碍宜居性的指标;而东部平原地区则由于地形较低,容易受雨水灾害干扰,分布有较多的城市积水点、垃圾场站及重点污染源。

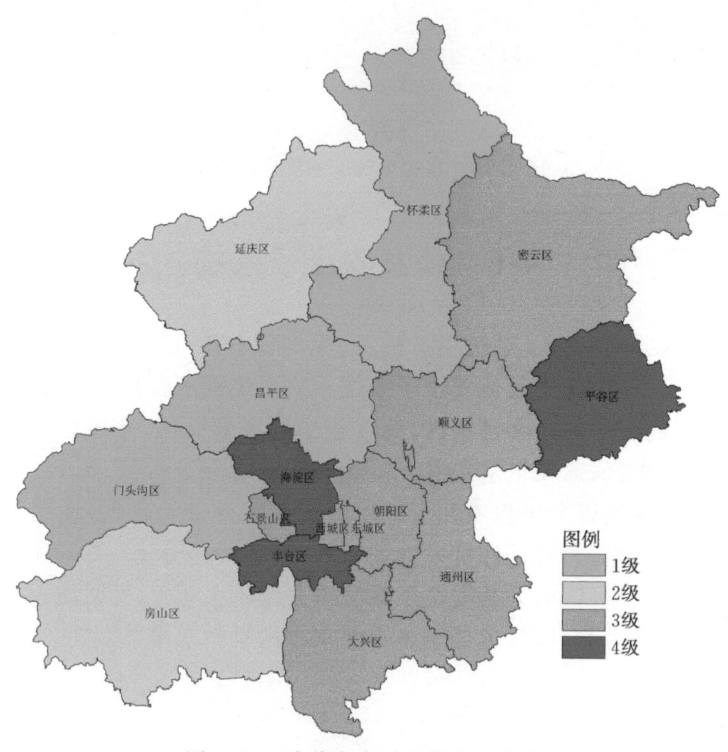

图 4.12　公共安全子系统空间分布

4.7　宜居性综合评价

北京市各区宜居性平均得分为 0.263 6，第 1 级别的有西城区、朝阳区、海淀区和东城区，第 2 级别的有石景山区和昌平区，第 3 级别的有怀柔区、丰台区、密云区、门头沟区和通州区，第 4 级别的有顺义区、平谷区、延庆区、大兴区和房山区。从宜居性得分构成来看（图 4.13），社会发展、经济发展、基础设施和生态环境这 4 部分对宜居性综合得分贡献最大，而公共安全与资源承载是贡献最小的两项，公共安全在 16 个区中的得分大部分处于 0 分左右，而资源承载则几乎处于负分状态，说明北京市宜居性在公共安全和资源承载方面处于绝对的弱势，直接影响整体宜居性的提升。通过宜居性综合得分来看，宜居性最好的区是西城区，最差的区是房山区，二者得分相差 0.181 1。宜居性相对优越的区主要是中心城区，这些区经济、基础设施较为发达与完善，主要分布在城六区和昌平区。昌平区能够进入第 1 级别的原因主要是其社会发展和公共安全子系统得分较高，分别排在全市第二和第一位。而作为城六区的丰台区，是唯一没有进入第 1、2 级别的区，主要是其公共安全子系统太弱，排名倒数第二位，而其他 5 项子系统也没有特别占优势，因此整体宜居性排名较后。怀柔区虽地处北京山区，基础设施得分最低，落后于其他区，但在宜居性整体排名中属于第 3 级别，高于近郊的大兴区和房山区，这主要是因为其社会发展和公共安全两个子系统得分较高，提升了整体的宜居性得分。而大兴区和房山区则由于社会发展、生态环境和资源承载这 3 个子系统得分排在 16 个区中的倒数几位，直接影响了宜居性整体得分，属于 16 个区中宜居性最差的两个区。

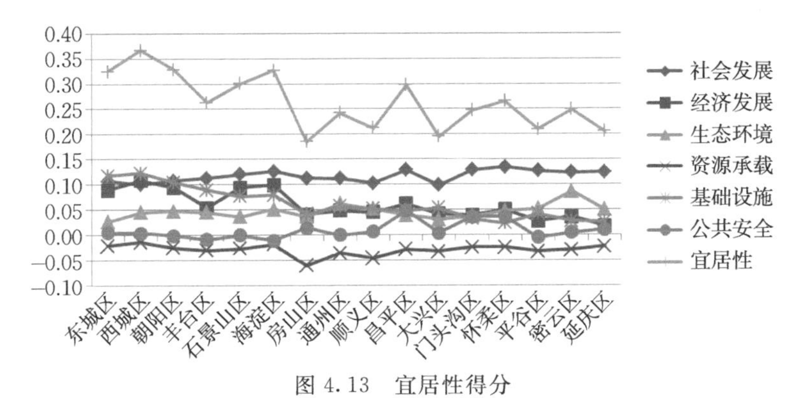

图 4.13　宜居性得分

从空间布局来看（图 4.14），北京市宜居性综合得分分布具有内高外低的特点，即从中心城区到外围区宜居性分值逐渐走低，这与相关研究基本保持一致（孟斌 等，2009）。城六区中东城区、西城区、朝阳区和海淀区均属于宜居性第 1 级别，石景山区和昌平区属于第 2 级别，而其他近郊、远郊的区则属于宜居性相对较差的第3、4级别，其中延庆区、顺义区、平谷区、大兴区和房山区属于最差级别。位于中心的区宜居性要远优于外围郊区，主要是因为经济发展、基础设施在这些地区具有绝对优势，而在外围远郊区则相对差很多。虽然外围远郊区具有得天独厚的自然生态环境，但生态环境作为宜居性中的一个子系统，影响整体宜居性程度有限，更多受6个子系统的综合作用。

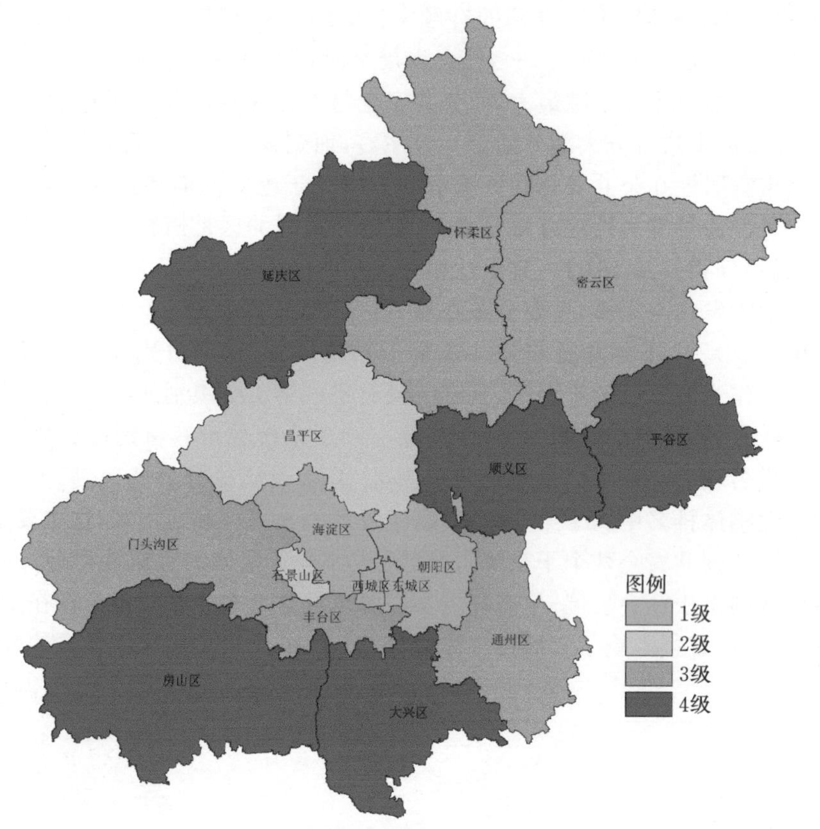

图4.14　宜居性空间分布

第5章　北京市国土空间宜居优势分区研究

第2、3、4章对北京市国土空间宜居性进行了建模、计算、评价分析。本章基于宜居性得分，将其与房价排名进行对比分析，了解宜居性结果的合理性；然后基于16个区的宜居性得分，对其进行宜居性分区，共分为4类区，即经济和基础设施宜居优势区、社会宜居优势区、生态宜居优势区和无宜居优势区。

5.1　宜居性得分与房价排名对比分析

房价在一定程度上可以反映城市的宜居程度，与宜居性存在正相关关系（踪家峰 等，2015；赵华平 等，2013），为了研究北京市16个区宜居性是否合理，项目采用链家官网上北京市16个区的房价数据与宜居性结果进行对比分析，间接验证宜居性得分的合理性。从北京市宜居性与房价排序来看（表5.1、表5.2），宜居性在16个区的排序与房价排序既有共性也有差异：第一，北京市16个区在宜居性上的排序与房价排序都具有内高外低的特点，即中心城区地区的宜居性与房价均要比外围郊区高，如宜居性排在前4位的有西城区、朝阳区、海淀区和东城区，房价排在前4位的同样也是这4个区；第二，随着与中心城区距离的增加，外围郊区的宜居性排序并没有完全遵循随着距离增加宜居性降低的规律，然而房价却基本上遵循的是随着距离增加房价越低。这主要是因为宜居性与房价的影响因素不同。

（1）本书对宜居性的内容定位为6个方面，即社会发展、经济发展、生态环境、资源承载、基础设施和公共安全，宜居性越优，表明6个子系统综合得分越高，即任何1个子系统的高低无法决定宜居性的高低，是6个子系统的综合影响。在远郊地区，虽然经济发展、基础设施远不及中心城区与近郊地区，但这些区域拥有相对优越的生态环境，在生态环境、资源承载和公共安全子系统方面占据优势。因此，宜居性综合得分并非不及近郊快速发展地区，如怀柔区、密云区、门头沟区和延庆区的宜居性均高于大兴区和房山区。

（2）影响房价的主要因素有教育资源、经济发展、交通便利及政策因素。西城区和海淀区在教育资源上占据绝对的优势，东城区和朝阳区在经济发展上要优于其他区，这4个区的房价排在16个区的前4位。远郊地区房价落后于近郊地区，首要因素就是基础设施便捷性，近郊快速发展的地区拥有绝对优势的经济量，以及便利的地铁线路，如丰台区、通州区、大兴区、昌平区和顺义区。通州区作为近郊区中的一个，因政策原因，其被定位为北京城市副中心，该区房价要远高于同类近郊地区,如大兴区、昌平区、顺义区、房山区。

表 5.1　北京市各区宜居性排序

行政区	宜居性排序
西城区	1
朝阳区	2
海淀区	3
东城区	4
石景山区	5
昌平区	6
怀柔区	7
丰台区	8
密云区	9
门头沟区	10
通州区	11
顺义区	12
平谷区	13
延庆区	14
大兴区	15
房山区	16

表 5.2　北京市各区房价排序

行政区	房价排序
西城区	1
东城区	2
海淀区	3
朝阳区	4
丰台区	5
石景山区	6
通州区	7
大兴区	8
昌平区	9
顺义区	10
延庆区	11
门头沟区	12
房山区	13
怀柔区	14
密云区	15
平谷区	16

通过北京市宜居性与房价排序的对比分析,整体上,北京市 16 个区宜居性综合得分与房价的排序基本一致(房价数据来源于链家官网 2016 年数据),即内高外低。同时,也存在一定的差异性,这主要是由各自影响因素不同导致。通过对比,北京市 16 个区宜居性的排序基本合理,具有一定的科学性和可靠性。

5.2　北京市国土空间宜居优势分区

5.2.1　分区目标与意义

国土空间宜居性分区的总体目标是从宏观上对各地区的宜居性进行分级定位,明确各地区的宜居性现状,加强重要功能地区的宜居性建设,引导弱势地区的宜居性发展方向。国土空间宜居性分区的意义主要是服务于城市发展规划,给宜居城市建设提供参考。

5.2.2　分区原则

1. 体现宜居程度特征原则

国土空间宜居性分区必须是对国土空间社会-经济-生态-资源-基础设施-安全复合系统进行综合考虑。不同区域由于自身条件的复杂性和多样性,呈现多种宜居优势，该分区要体现不同区域的不同宜居优势在强弱和地位上有所差异的地域宜居特征。

2. 全面性和主导性相结合的原则

国土空间宜居性分区的依据是宜居性综合得分评价成果，即对多种单一宜居优势功能的刻画与表达。然而，在实际宜居性分区中，显然不可能体现所有宜居优势，必须遵循主导原则，从多种宜居优势中选择若干在本区域及更大区域内具有优势或重要影响的宜居特征进行表达，突出区域特色。

3. 尺度原则

在分区过程中，对宜居优势的选择要结合各子系统在本区域内及更大尺度区域内作用的重要性进行通盘考虑。在分区成果表达方面，结合北京市分区单元较少的情况，仅有16个分区单元，采用一级分区模式。

4. 区内相似性原则

对于国土空间宜居性分区成果中的各分区，其内部应具有相同或相似的宜居优势特征或宜居优势特征组合，发展条件和发展方向也相对一致，而不同类型分区之间的优势功能及其组合、发展条件和发展方向应有较大的差异性。

5. 行政区划完整性原则

分区的主要目的是服务国土空间规划和城市发展规划，同时将其作为差别化的国土空间开发与保护政策制定的依据。政策的实施必须要有一定的行政主体，因此，在宜居性分区成果中要保持行政区划的完整性，否则国土空间规划和城市发展规划就失去了实施主体。

6. 兼顾全面发展原则

一方面，要对各区域中在更大区域内具有绝对宜居优势的特征在未来进行重点培养，促进区域发展；另一方面，要兼顾那些在国土空间宜居性分区中没有任何优势的区域，识别出区域内极度缺乏的宜居特征，从而为弱势区域全面发展提供途径。

7. 宜居特征比例与空间分布适宜原则

各区域各类宜居特征在分区成果中的比例应当适宜，不能某些功能体现比例过高而某些功能体现比例过低。各类宜居特征比例要与所在国土空间的资源与要素条件相适应。各类宜居特征的空间分布要相互协调，大集中与小分散相结合，形成合力的国土空间宜居性全面建设格局，提高整个区域的宜居性。

8. 与相关分区（规划）衔接的原则

国土空间宜居性分区的编制过程及最终成果都需要与具有权威性、科学性和实践性相关的分区（规划）进行充分地衔接和协调，体现并协调这些分区（规划）的目标和成果，如主体功能区划、生态功能区划、土地利用总体规划、城镇体系规划等。

5.2.3 分区方法

分区方法主要包括宜居优势特征选择、基于空间-属性双重聚类的初步分区方案、基于专家知识定性调整的方案修订三个过程。下面分别对每个过程进行详细说明。

1. 宜居优势特征选择

根据宜居性综合评分结果，可将各区在全市域范围内具有绝对和相对宜居优势的特征识别后依次选出，将其作为定量分区模型的数据支持。对每个评价单元，选出满足某类宜居优势的子系统评价值 $\bar{Y}_{ij} \geqslant Y_{ij}$ 且$\bar{Y}_{ij}$（Y_{ij} 为平均值）在全部评价单元中排序前 30%的所有优势特征。在全市范围内宜居优势特征得分较高并且排名靠前的子系统，毫无疑问可以成为各个区的宜居优势特征。如果有多项功能满足该条件，则按照宜居优势特征得分在全市中的排序依次取前 3 项。由于资源承载和公共安全两个子系统的得分均较低，平均得分在 0 分左右，因此，各区在资源承载和公共安全两项均不存在宜居优势特征。通过宜居优势特征得分和排名两个条件，可避免选取某些宜居优势特征得分虽高于平均值，但是没有区域比较优势的，以及排名较高但是宜居优势特征得分低于平均值、无法成为主导作用的子系统。根据宜居优势特征得分评价结果，前一种情况在社会发展子系统、生态环境子系统和资源承载子系统中多有体现，很多区在这 3 个子系统中的得分均高于平均值，但是在全市排名中并不靠前，相对于其他区并不具有区域优势；后一种情况不存在，表明宜居优势特征得分在全市排名靠前的基本上得分均大于平均值。根据对全市 16 个区进行优势特征选择，得到各区的优势特征得分排名如表 5.3 所示，其中表中空的部分表明无此类宜居优势。通过宜居优势特征选择，共划分了 7 类分区，分别为基础设施-经济发展、经济发展-基础设施-社会发展、基础设施、经济发展、社会发展、生态环境、生态环境-社会发展，各类分区对应的区如表 5.4 所示。其中，表中未涉及的区表明无宜居优势。

表 5.3 宜居优势特征得分排名

行政区	社会发展	经济发展	生态环境	资源承载	基础设施	公共安全
东城区		2			1	
西城区		2			1	
朝阳区		2			1	
海淀区	2	1	3		4	
丰台区					1	
石景山区		1				
昌平区	1					
门头沟区	1					

续表

行政区	社会发展	经济发展	生态环境	资源承载	基础设施	公共安全
怀柔区	1					
通州区			1			
顺义区			1			
密云区			1			
平谷区	2		1			
房山区						
大兴区						
延庆区						

表 5.4　宜居优势分类

宜居优势分类	行政区
基础设施-经济发展	东城区、西城区、朝阳区
经济发展-基础设施-社会发展	海淀区
基础设施	丰台区
经济发展	石景山区
社会发展	怀柔区、昌平区、门头沟区
生态环境	密云区、通州区、顺义区
生态环境-社会发展	平谷区

2. 基于空间-属性双重聚类的初步分区方案

将北京市宜居优势特征选择结果输入矢量数据中，根据空间相邻、宜居优势特征及其组合相同的原则，对类型区进行划分，同时考虑属性与空间关系，对北京市国土空间宜居优势进行分区，形成初步的分区方案(图 5.1)。通过空间-属性双重聚类分区，共获得 9 类宜居优势区划，其中有两类为未分类区划，因为这些区没有任何宜居优势特征。由图 5.1 来看，宜居优势区划种类较多，空间较零散，存在一区一类现象，如丰台区、石景山区、延庆区、平谷区和海淀区这 5 个区，不符合分区的最终目的，因此还需要基于专家知识进行定性调整。

3. 基于专家知识定性调整的方案修订

邀请相关领域专家与各业务部门人员依据专家知识，综合考虑各区政策与规划、上级政策与规划、行政及业务管理需要、历史及固有认同、重要地理界线等五大应着重考虑的因素，对基于空间-属性双重聚类形成的初步分区方案进行定性调整，包括对各区域优势功能类型的再评估、再定位和重新划分，以及对较少见类型区及孤立区的归并或保留等，最终形成北京市国土空间宜居优势分区方案，全方位体现各区宜居特征、优势和发展定位(表 5.5)。由表 5.5 来看，一共分为 4 个区：①经济和基础设施宜居优势区，包括东城区、西城区、朝阳区、海淀区、丰台区和石景山区；②社会宜居优势区，包括昌平区、怀柔区、门头沟区；③生态宜居优势区，包括密云区、平谷区、顺义区和通州区；④无宜居优势区，包括延庆区、大兴区和房山区。

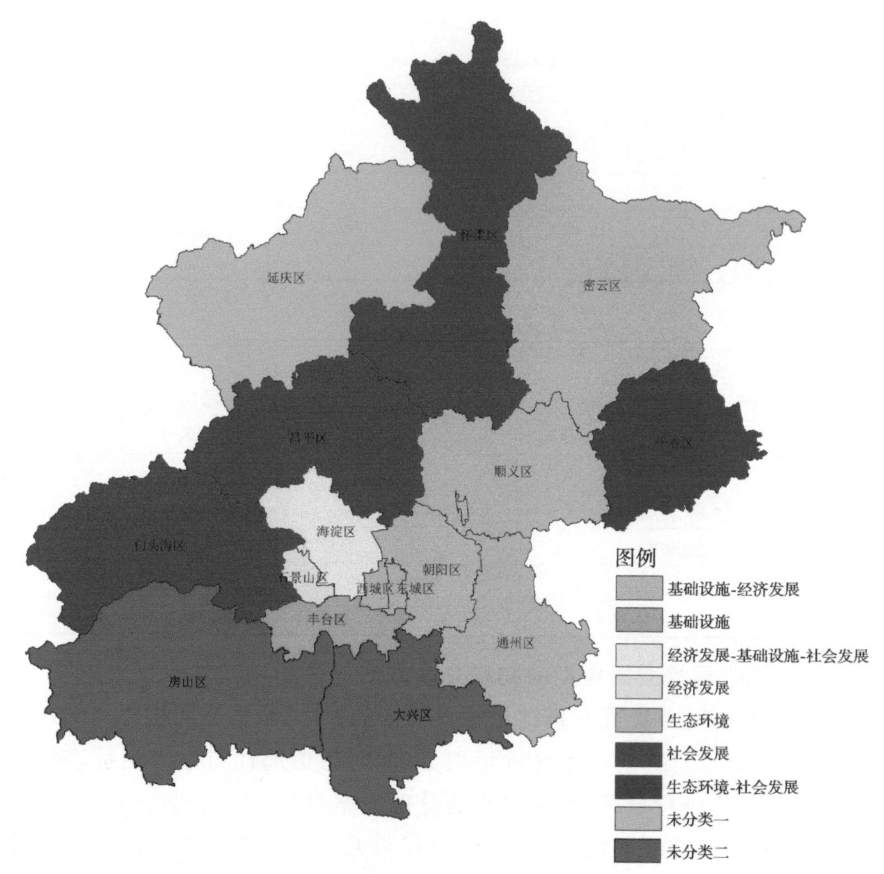

图 5.1　空间-属性双重聚类分区初步方案

表 5.5　北京市国土空间宜居优势分区

优势分区	行政区
经济和基础设施宜居优势区	东城区、西城区、朝阳区、海淀区、丰台区、石景山区
社会宜居优势区	昌平区、怀柔区、门头沟区
生态宜居优势区	密云区、平谷区、顺义区、通州区
无宜居优势区	延庆区、大兴区、房山区

5.2.4　分区结果

根据最终的北京市国土空间宜居优势分区结果（表 5.5），统计各分区对应的 6 类宜居优势分区子项得分情况，如表 5.6 所示。可以看出，各宜居优势区对应的优势特征得分都远高于其他区，如经济和基础设施宜居优势区的经济发展和基础设施得分分别为 0.090 1 和 0.098 3，远高于排第二位的 0.050 4 和 0.044 2。对4个分区的宜居性综合得分进行统计，得到宜居优势分区得分统计（图 5.2）。其中，经济和基础设施宜居优势区的平均得分为 0.318 1，社会宜居优势区平均得分为 0.263 0，生态宜居优势区平均得分为 0.223 3，无宜居优势区平均得分为 0.195 4。4类等级分区的得分差距由大逐渐变小，第一和第二类分区得分差值为 0.055 1，第二和第三类分区差值为 0.039 7，第三和第四类分区差值为 0.027 9。由图 5.2 来看，宜居性包含的6个子系统中，经济发展、基础设施、社会发展和生态环境4个子项均有宜居优势区域，并且经济发展和基础设施大多数集中于同样的区域；而资源承载和公共安全两个子项在16个区中均没有宜居优势区域，说明北京市在这两个子项上均没有优势，处于资源匮乏、安全隐患较大的状态，形势严峻。

表 5.6　北京市国土空间宜居优势分区子项得分

优势分区	社会发展	经济发展	生态环境	资源承载	基础设施	公共安全
经济和基础设施宜居优势区	0.112 3	0.090 1	0.042 0	−0.022 7	0.098 3	−0.001 9
社会宜居优势区	0.130 3	0.050 4	0.040 9	−0.026 0	0.034 4	0.040 0
生态宜居优势区	0.116 3	0.039 1	0.062 7	−0.036 1	0.044 2	0.001 8
无宜居优势区	0.111 8	0.033 2	0.038 9	−0.038 4	0.040 5	0.009 5

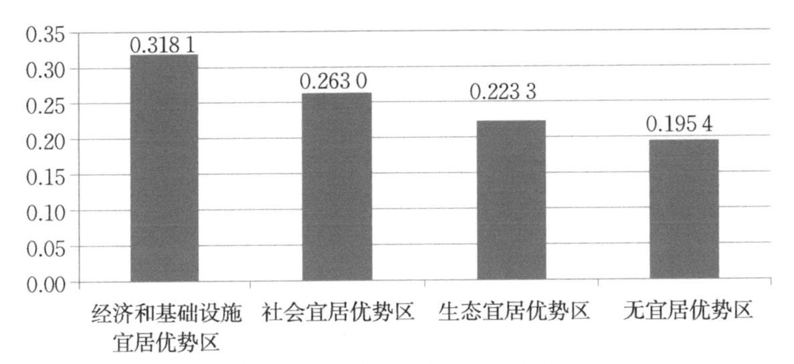

图 5.2　宜居优势分区得分统计

从北京市宜居优势分区的空间布局来看（图 5.3），北京市宜居优势特征最明显、宜居综合得分最高的分布在城六区；西北部的昌平区、怀柔区和门头沟区的社会发展宜居优势特征明显，宜居综合得分排在第二位；东部的密云区、平谷区、顺义区和通州区属于生态宜居优势区，宜居综合得分仅次于社会宜居优势区；南部地区和西北部远郊山区在宜居上没有宜居优势特征，包括延庆区、大兴区和房山区，宜居综合得分排在最后一位。整体上看，宜居性空间分布从中心到外围表现出由好变差的特征，这也从客观上印证了越来越多的人口流入中心城区，停留在宜居性最优的区域。

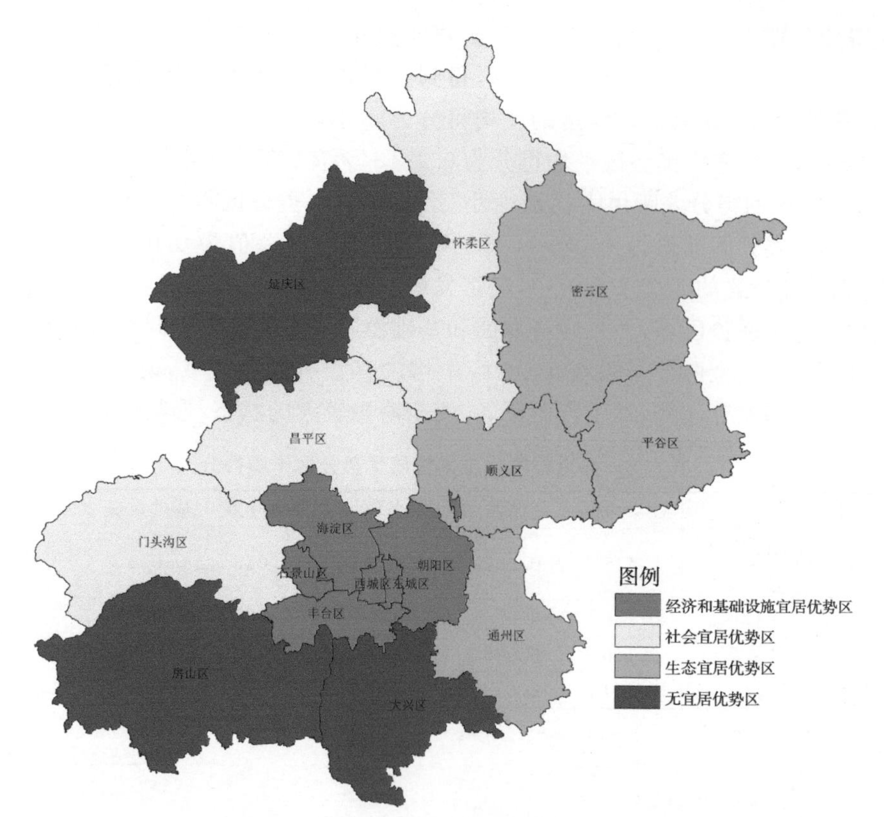

图 5.3 北京市宜居优势分区的空间分布

第6章　国土空间宜居优势提升策略与政策建议

国土空间宜居优势分区包含对现状国土空间各类宜居优势强弱程度的定量刻画及对未来优势功能发展趋势的判断两方面内容。为达到强化现有宜居优势特征和发展预期优势等方面的综合宜居分区目标，针对不同类型区的特点，本章提出国土空间宜居优势及其组合的提升和协同发展策略，同时给出相关政策建议。

6.1　国土空间宜居优势提升

国土空间宜居优势提升与协同发展策略最重要的目标是增强国土空间中宜居性六大子系统的功能性，根据不同区域复杂和多样的资源条件为不同类型功能提出相适应的增强策略，确保不同区域的宜居优势功能得到最佳的发展条件和成长趋势，从而支撑各区域发展定位与愿景的实现。同时也要注意到，国土空间是一个系统，宜居优势功能不可能独立发展，都要与其他宜居功能产生各类正向或负向关系。因此，对各类宜居功能之间的相互作用也应足够重视，实施协同发展策略，推动国土空间宜居功能的协同和可持续发展。

国土空间宜居优势特征的提升主要包括对社会发展、经济发展、生态环境、资源承载、基础设施和公共安全六大子系统功能的增强。

6.1.1　社会发展

在人居基本生活方面，保障人居基本要求，对保障性住房建设提供足量用地。在住房政策方面，廉租房、自住型商品房同步开发，满足不同人群需求。在人口调控方面，控制人口比例，针对人口过多区域，控制人口集聚，引导人口向稀疏地区发展、就业、居住，实现总体人口的可持续合理增长。在公共教育方面，加大对中小学教育的普及程度，提高教师待遇及教学硬件水平。在医疗卫生方面，加大对医疗卫生事业的投入和建设，普及基本医疗制度，扩大医疗保险参保人员范围。在社会保障方面，提高失业保险参保比例和范围，建立培训机构以提升失业人员的能力，并促进其再就业；提高社会保险和养老保险的参保比例和范围；提高最低工资水平及基本生活保障收入水平；建立全方位的社会保障制度。

6.1.2 经济发展

在用地方面，集约利用土地，强化建设用地内部挖潜，增加建设用地整治力度，释放建设用地潜力，提高单位面积土地产出水平；建立健全土地置换机制，将城市周边区位较好、基础设施建设扩展较好的区域开辟为建设用地；统一规划全域产业的空间布局，并依据产业链及供给与需求之间的关系布置产业园区，引导企业向园区集中并进行合理布局，发挥集聚效应，减少交通及物流成本。在产业发展方面，转变经济增长方式，优化产业结构，将经济增长方式依靠要素和投资驱动转向创新驱动，进行产业结构的优化和升级；明确区域发展的主导产业和新兴产业，积极发展高新技术产业、现代服务业、现代制造业，以及包括新一代信息技术、生物医药、新能源、新材料、高端装备制造、节能环保、新能源汽车在内的战略新兴产业，推动各产业向产业链高端升级；引导资源向这些产业集聚，提高资源要素配置效率；引导资本向这些产业投资，增加其融资规模和渠道；促进夕阳产业及落后产业的转型和升级，促进中小企业健康快速发展；通盘考虑整个产业的发展规划，构建较为完善的产业链，优化各个企业在产业链中的关系。在创新及人才培养方面，加大研发投入，增强企业自主创新能力，建立高校、研究机构及企业共同参与的产学研平台，提高对专利及研究成果的实践、应用能力，加快科技成果应用及产业化进程；缩短产品研发—设计—生产的流程与时间，加强物联网与智能制造的应用水平，提升劳动生产率；高校与企业联合，更有针对性地进行人才培养，健全企业培训机制；在工作中建立良好的传帮带和晋升机制，促使从业人员较快地提升技术水平，更积极地投入工作中，提升效率。在相关配套政策方面，为重点产业发展制定配套政策，促进其健康快速发展；实施鼓励制度创新和技术进步的财税优惠政策，对高新技术产业、战略新兴产业等给予贴息、税收减免等优惠政策；建立重点产业发展与补偿基金，实施积极的金融政策，促进资本的流动与优化配置，对重点产业进行金融补贴；深化制度改革，完善社会主义市场经济体制，促进市场在资源要素配置中的决定性作用。

6.1.3 生态环境

在土地方面，加强用地管制，严禁改变生态用地用途，禁止不正当的开发行为对生态用地的侵占，提升生态用地比例；大力实施退耕还林、还草，减少产出水平较低、容易引发水土流失的坡耕地比例，增加林地和草地比例；植树造林，维护脆弱地区的生态系统，防止森林、草地退化；实行退耕还湖工程，严禁耕地开垦或建设用地开发占用水域；土地开发时要避开重点生态敏感区和生态脆弱区；严禁水源地周边的土地开发行为，保护水源地水质；动植物自然保护区核心区内禁止各类土地利用行为，保护生物多样性。在经济方面，逐步制止对自然资源的掠夺式开发行为，以及通过这种行为获得的经济增长；调整产业结构，设置准入门槛，限制发展高污染、高耗能及对环境负面影响较大的产业；大力发展循环经济及绿色产业；降低对能源的依赖程度，鼓励对原材料的循环利用进而减少“三废”排放。在污染治理方面，加大对工业污染的控制力度、监测力度、执法力度和治理力度；创新治理模式和治理技术，大力发展环保技术；对已有的污染现象进行分重点、有层次、分阶段的治理；对现状污染源进行控制，减小其对环境的影响；对潜在污染源进行排查、评估其对环境的影响，并抑制其进一步发展；加大对农业面源污染的控制力度，确保耕地质量及食品安全。在其他相关政策方面，从多个方面运用多种媒体方式，加强对生态环境保护的宣传和普及力度，提升公众对生态环境污染的认知及保护的责任心；综合运用多种技术与行政手段，建立健全的生态环境监测网络体系；加强对环境污染的执法力度；充分发挥财政政策的导向作用，建立和规范生态区的多层次生态补偿机制，重点加大用于公共服务和生态环境补偿的财政转移支付力度；建立补偿基金，用于弥补生态环境良好地区因抑制工业化和城镇化而在经济效益方面的损失；加大对环境配套基础设施的建设和对生态修复工程的投入力度，大力建设生态修复工程、资源保育工程，防治水土流失，增强水源涵养能力。

6.1.4　资源承载

在土地方面，集约利用土地，增加对集约利用程度不高土地的整治力度，释放土地潜力；缩减建设用地，提高用地产出，从以往粗放型经济转向集约型经济。在产业方面，转变经济发展，优化产业转型，降低产业能耗，将经济增长方式由依靠要素和投资驱动转向创新驱动；引导资源向新兴产业转型，提高资源要素配置效率。在耕地方面，加大宣传力度，提高全社会对耕地保护、耕地总量动态平衡的重要认识，严格控制非农业建设占用耕地，切实采取措施保护基本农田，建立城镇土地集约利用新机制，充分挖掘存量建设用地潜力，优化配置城镇土地资源；制定优惠政策，做好土地开发复垦工作，积极推进土地整理工作，加强耕地利用的动态监测；把资源平衡关系及资源结构与农业结构之间的平衡关系放在重要地位，不同的资源分配与组合方式所产生的生态经济效益差别很大，如果能对不尽合理的生产结构进行调整，充分发挥资源配置效益，就能大大提高土地资源承载能力。

6.1.5　基础设施

全力保障新增城市道路、基础设施建设用地。在基础设施方面，加大对城市基础设施的投入力度与建设水平，完善城市生活中水、电、气等的普及水平；提升城市内部交通及城市与区外的交通设施条件；对于城市内部，扩宽道路，建设环路与立交桥，解决城市拥堵，大力发展并完善公共交通设施，包括地铁、轻轨、快速公交等快速交通，增加并优化公交路线，发展自行车免费使用机制；构建良好的城市发展硬件水平；实行跨区域公益性基础设施建设，促进交通等基础设施的共享和基础设施网络在更大区域内的优化。在配套政策方面，明确城市在全国、全省及区域中的定位；做好城市总体规划，协调产业发展与人居服务之间的关系；制定有倾斜性的政策，引导和鼓励较落后地区的社会公共服务建设，并提供相关资金、基金等的支持；鼓励社会和企业向落后地区投资，改善其基础建设水平，并建立利益补偿机制；在保证效率的前提下，制定相对均衡的区域政策，保障每个群体的生活水平、社会保障和利益。

6.1.6　公共安全

在生态环境方面，需要保障人类生存必需的自然资源供应，如土地、水源。人类社会与自然生态环境的协调发展是公共安全的基石。在区域面临自然灾害时，城市需要提供一定的安全防备措施，增强抵御自然灾害的能力；树立“安全第一，以人为本”的理念，制定相关法规进行安全宣传；建立系统城市公共安全监测、评估与预警机制。以各种安全信息为基础，分定期评估和紧急评估两种基本类型，对城市安全一般状况和紧急特殊状况作出评估，用于评价和预测可能面临的威胁；建立预警机制，以监测评价和评估为基础，定期和不定期地对城市安全状况进行信息反馈，尤其对特定安全威胁进行预报和提醒；建立城市安全中心；对城市安全进行系统管理，尤其做好监测、评估、预警和救援协同组织工作。

6.2　国土空间宜居优势提升的政策建议

为提升国土空间宜居优势，相关政策需要跟进，本节从政治经济、社会环境、基础设施、资源及公共安全等不同角度来浅谈相关政策建议。

6.2.1　促进公众参与

公众参与制定城市规划、建设、管理、发展的重大决策，对于城市的建设起着很重要的作用。它能帮助管理者了解公众的实际需要和各种规划决定对他们的影响；能启发管理者去创新以满足民愿；能使规划重视人们对城市的多样化追求，增强城市的活力，从而促进城市的可持续发展。总之，公众参与是引导宜居优势有效发挥的一个有效途径，国外宜居城市建设的案例已经很好地证明了这一点。在国内，可尝试借鉴国外一些城市在公众参与方面的先进理念和成功经验，如采用分期实施、跟踪反馈、定期评估和修编等方法增加公众在政策制定中的参与程度，以协调和平衡各方面之间的关系。

6.2.2　大力推动经济发展

宜居城市应该是一个经济发展水平较高的城市。经济发展是社会进步的基础，只有经济得到发展，才能解决城市贫困、环境污染、就业不足等一系列城市问题，才能为居民创造良好的宜居优势硬环境，从而促进软环境的建设。不仅如此，宜居城市还要求城市具有强劲的经济发展潜力，以确保经济可持续发展，从而提高居民生活水平，持续地为居民营造一个良好的人居环境。针对目前国内城市经济水平普遍较低的现状，可以利用灵活多样的政策吸引更多的世界公司来此投资；充分挖掘本地资源，培养相关产业，努力打造城市特色；加快产业结构调整并加强高新技术的研发，用高科技改变企业落后状况，为国土空间宜居优势建设提供永续发展动力。

6.2.3　营造优美生态空间

优美宜人的生态环境是建设国土空间宜居环境最直观的标志和象征。综观国外典型的宜居城市建设，不难发现，各城市对于生态城市的建设几乎都是认可的，而且他们在这方面的建设也已经相当成熟。在国内，虽然一直很明确要通过城市生态化建设创造宜人的居住环境、生活和生产空间，但是生态环境的建设仍然相对滞后，还处于不断学习和借鉴阶段。充分利用自然生态资源，有效组织自然景观，精心设计绿化空间，营造宜人的城市氛围，并建造多样的活动开敞空间，仍是目前国内众多城市宜居性建设努力的方向。

6.2.4　努力创造宜居之所

住房问题涉及千家万户的切身利益，也影响着社会的公平和稳定。宜居城市首先要解决居住问题，“居者有其屋”是宜居最基本的前提。而在这方面，新加坡成为公认的典范。由政府担当住房保障的主体，成立专业化的制度执行机构，按照多数居民购买力确定房价，并通过一系列优惠活动保障居民买房。此外，宜居城市还要具备居得起、居得好和居得久的基本要求和良好条件。住房建设不能忽略住区环境，应重点推进社区安全、绿化、健康、文化等方面的深化和细化，加强社区的配套设施建设，并兼顾弱势群体。同时，提高社区的文化氛围和居民素质，注重营造一个安静、清洁、具备归属感和安全感的居住环境。

6.2.5　建立高效交通系统

出行便捷是宜居城市建设的基础，优先发展交通则是必然的选择。在国外，交通舒适、便捷是人们选择宜居城市的重要条件之一。在国内，随着城市化进程的明显加快，汽车数量急剧上升，交通问题已成为影响城市效率、社会经济发展和市民身体健康的突出问题。宜居城市的交通应该是友好的、高效的交通。为了达到这个目标，宜居城市应合理建设交通基础设施，充分完善交通管理系统，大力发展可供选择的公共交通。与此同时，以人为本，建设宜人的、完整的步行休闲网络，方便市民的休闲出行，并通过对客货流的合理组织及城市功能用地的组织，减少不必要的机动车交通。

6.2.6 加强城市安全建设

综观中外城市发展史，安全保障一直是城市建设的首位需求。一个安全的城市，不仅能够在环境和生态、经济和社会、文化、人身健康、资源供给、政府绩效，以及其他和城市安全相关的未知方面保持一种动态稳定与平衡协调的状态，还有对自然灾害和社会与经济异常或突发事件良好的抵御能力。我国正处于社会转型期，城市巨大的人口规模、复杂的利益关系，以及人口、资源、环境与发展之间的矛盾，使城市安全问题越来越为政府、社会、公众所关注。目前国内的宜居城市建设对于安全性建设重视不够，也未形成完整的安全城市体系。部分城市即便采取了一定的行动，也还是处于起步阶段。一个安全的城市提供给市民的不仅是城市的公共安全保障，还包括城市生态环境安全、城市食品安全、城市社会安全、城市生产安全、城市经济安全、城市文化安全等方面。

6.2.7 保护城市文化特色

宜居城市不是“千城一面”的景观，每个宜居城市都会有自己的个性特点，而最能反映城市个性的是这个城市的文化。独具个性特色的城市因其凝聚着地域文化的精华而具有强劲的竞争力，其发展才会有动力和后劲，才有可能朝着宜居城市的方向发展。目前在国内，城市特色不明显也是人所共知的事实，大部分城市都难以逃脱“钢筋水泥森林”的城市印象。宜居城市的文化特色不是仅对传统文化的延续，也不是摒弃外来事物的自我崇拜，它应该是在维护城市文脉的基础上，兼容并蓄，融合现代文明而形成的一种特色文化环境。具体说来，保护历史文化遗产，不仅包括有形的，还包括无形的，能够丰富市民的文化生活，这是其一。立足本土文化，实现同一场所不同时代特征、不同地理位置、不同审美追求的多元文化形式的融合，这是其二。

6.3 北京市国土空间宜居优势协同提升

针对北京市国土空间宜居优势分布特点，北京市宜居优势区的提升建议主要有如下几条。

6.3.1　经济和基础设施宜居优势区

该区域是北京市的核心区，承载首都重要功能，需要继续保持和加强高新技术产业发展，加强基础设施建设和维护。同时，需要对宜居劣势进行着重提升，如资源承载和公共安全，尤其是公共安全。该区域公共安全子系统得分为−0.001 9，是 4 个区域中唯一一个负值区，可见，公共安全隐患在该区域情况最为严峻。应加强城市积水点的修复，加强垃圾场站、危险废物处置场及重点污染源场地的规划，从根本上增强该区域公共安全功能，促使宜居性全面发展。

6.3.2　社会宜居优势区

该区域主要分布在怀柔区、昌平区和门头沟区，在社会宜居方面处于优势地位，同时，经济发展也大于平均值。相对来说，资源承载和基础设施两方面功能处于劣势。该区域基础设施是 4 个区域中排名最后的，因此，加强该区域的交通设施建设是增强宜居综合功能最重要的内容。

6.3.3　生态宜居优势区

该区域主要分布在北京市东部地区，区内生态环境优势明显，但经济发展、资源承载和公共安全均处于较低水平。要平衡宜居性弱势功能，需要不断引入产业，调整产业经济结构，加强土地利用效率，保护耕地，尤其是基本农田，注重产业能耗降低，同时，加强城市安全性能，增加区域公共安全服务设施建设。

6.3.4　无宜居优势区

该区域主要包括延庆区、大兴区和房山区，区内在宜居性六大子系统均没有优势，其中社会发展、经济发展、生态环境和资源承载 4 个子系统均排在最后。大兴区和房山区均属于近年来发展较快的区域，在承接中心城区淘汰产业的过程中，没有注重保护生态环境和产业能耗问题。延庆区地处西北部山区，经济发展和基础设施相对落后。综合来看，提升该区域宜居优势功能，首先要加强生态环境建设，同时注重经济产业优化升级。

第7章　结论与展望

7.1　主要结论

本书基于地理国情普查统计指标，结合社会经济相关统计指标，研究了一套可以综合反映国土空间宜居性的指标体系。基于宜居性指标体系，应用层次分析法模型，对国土空间宜居性进行综合评价，并对评价结果从社会发展、经济发展、生态环境、资源承载、基础设施和公共安全6个方面进行了全面分析。最后，基于宜居性综合评价结果，对国土空间宜居优势进行了分区研究。本书以北京市为例，对国土空间宜居性进行了评价与分区研究，研究结论如下。

第一，本书运用层次分析法，基于地理国情和社会经济指标，定量计算并分析指标权重，然后基于各指标计算宜居性综合得分。通过研究，形成了一套综合反映宜居性的指标体系，该指标体系包括社会发展、经济发展、生态环境、资源承载、基础设施和公共安全6个方面，其中地理国情普查指标22个，社会经济指标17个，共计39个。该指标体系可为宜居城市建设提供评价参考。同时，本书是地理国情普查统计数据在城市规划、国土规划领域的首次应用，具有非常重要的实践意义。

第二，本书是基于第一次全国地理国情普查展开的研究，数据是实地测绘所得，属于最原始资料，这保障了数据的准确性与现势性。同时，研究采用经典的方法（层次分析法），依托北京市特有的市情普查指标，结合北京市实际情况，从不同的角度对宜居性进行了评价分析。该研究结果真实、可靠，具有现势性与全面性特点，可为城市规划人员提供参考。

第三，通过对北京市国土空间宜居性的评价研究，宜居性6个子系统中的社会发展、经济发展、基础设施和生态环境对宜居性综合得分贡献最大，而公共安全与资源承载是宜居性得分最弱的两个。其中，公共安全在16个区中的得分大部分处于0分左右，而资源承载则几乎为负分，说明北京市宜居性在公共安全和资源承载方面处于绝对的弱势，直接影响整体宜居性的提升。从16个区的宜居性综合得分来看，西城区是宜居性得分最高的区，而房山区是最低的，二者得分相差0.181 1。

从北京市宜居性空间布局来看，宜居性综合得分分布具有内高外低的特点，即从中心城区到外围区宜居性分值逐渐变低。城六区中东城区、西城区、朝阳区和海淀区均属于宜居性第1级别，石景山区和城六区外的昌平区属于第2级别，而其他近郊、远郊的区则属于宜居性相对较差的第3、4级别，其中延庆区、顺义区、平谷区、大兴区和房山区属于第 4 级别。

第四，通过对宜居性综合得分与北京市 16 个区的房价排序进行对比分析，发现北京市宜居性综合得分与房价的排序基本一致，即内高外低，但也存在一定的差异性，即宜居性并非完全遵循随着与中心城区距离增加而宜居程度降低。这主要是因为宜居性与房价的影响因素不同。宜居性是由 6 个子系统共同作用影响，任何一个子系统得分的高低无法决定宜居性的高低，因此距离因素并不能完全左右宜居性程度。影响房价的主要因素有教育资源、经济发展、交通便利及政策因素，其中教育和经济都集中在中心城区，而远郊区的房价主要由交通便利性和政策因素影响，通州区房价是典型的政策因素影响，其他远郊区主要是交通便利性影响程度较大。通过宜居性与房价排序的对比，北京市 16 个区宜居性的排序基本合理，具有一定的科学性和可靠性。

第五，通过对北京市国土空间宜居性分区的研究，将北京市分为 4 类区划：经济和基础设施宜居优势区，包括东城区、西城区、朝阳区、海淀区、丰台区和石景山区；社会宜居优势区，包括昌平区、怀柔区、门头沟区；生态宜居优势区，包括密云区、平谷区、顺义区和通州区；无宜居优势区，包括延庆区、大兴区和房山区。从北京市宜居优势分区来看，经济发展、基础设施、社会发展和生态环境 4 个子系统均有宜居优势区域，而资源承载和公共安全在北京市域内均没有优势地区。从空间布局来看，北京市宜居优势特征最明显、宜居综合得分最高的区分布在城六区；西北部的昌平区、怀柔区和门头沟区社会发展宜居优势特征明显，宜居综合得分排在第二位；东部密云区、平谷区、顺义区和通州区属于生态宜居优势区，宜居综合得分次于社会宜居优势区；延庆区、大兴区和房山区属于无宜居优势区，宜居综合得分排在最后一位。通过对北京市进行宜居优势分区，可以有针对性地提升各区的宜居优势，同时协同发展宜居劣势，达到宜居性整体提高。

7.2 展　望

本书主要是基于地理国情普查和社会统计分析指标进行的国土空间宜居性评价和分区研究。由于选择的指标数据有限，所以不能全面反映宜居性各项内容，同时受数据获取因素、数据单元尺度等限制，本书选择的 39 个指标在评价国土空间宜居性的过程中可能存在一些偏差，需要今后通过更深入的研究来避免这些问题，或者对偏差进行定量研究，使研究结果更贴合真实情况。

参考文献

陈浮，陈海燕，朱振华，等，2000. 城市人居环境与满意度评价研究[J]. 人文地理(4)：20-23.

顾文选，罗亚蒙，2007. 宜居城市科学评价标准[J]. 北京规划建设(1)：7-10.

姜煜华，甄峰，魏宗财，2009. 国外宜居城市建设实践及其启示[J]. 国际城市规划(4)：99-104.

李虹颖，张安明，2010. 宜居城市的主成分分析与评价——以重庆市主城九区为例[J]. 中国农学通报(24)：322-325.

李丽萍，郭宝华，2006. 关于宜居城市的理论探讨[J]. 城市发展研究，13(2)：76-80.

李丽萍，吴祥裕，2007. 宜居城市评价指标体系研究[J]. 中共济南市委党校学报(1)：16-21.

李王鸣，叶信岳，孙于，1999. 城市人居环境评价——以杭州城市为例[J]. 经济地理(2)：39-44.

李雪铭，姜斌，杨波，2002. 城市人居环境可持续发展评价研究——以大连市为例[J]. 中国人口·资源与环境(6)：131-133.

李雪铭，倪玉娟，2009. 近十年来我国优秀宜居城市城市化与城市人居环境协调发展评价[J]. 干旱区资源与环境(3)：8-14.

李业锦，张文忠，田山川，等，2008. 宜居城市的理论基础和评价研究进展[J]. 地理科学进展(3)：101-109.

李壮阔，时振，2010. 基于 SWOT 分析的珠海市建设宜居城市问题研究[J]. 特区经济(8)：44-45.

梁文钊，侯典安，2008. 宜居城市的主成分分析与评价[J]. 兰州大学学报(自然科学版)(4)：51-54.

刘颂，刘滨谊，1999. 城市人居环境可持续发展评价指标体系研究[J]. 城市规划汇刊(5)：35-37.

孟斌，尹卫红，张景秋，等，2009. 北京宜居城市满意度空间特征[J]. 地理研究(5)：1318-1326.

宁越敏，查志强，1999. 大都市人居环境评价和优化研究——以上海市为例[J]. 城市规划(6)：14-19.

钱学森，1993. 社会主义中国应该建山水城市[J]. 城市规划(3)：18-19.

谌丽，张文忠，李业锦，2008. 大连居民的城市宜居性评价[J]. 地理学报(10)：1022-1032.

田银生，陶伟，2000. 城市环境的“宜人性”创造[J]. 清华大学学报(自然科学版)(S1)：19-23.

王世营，诸大建，臧漫丹，2010. 走出宜居城市研究的悖论：概念模型与路径选择[J]. 城市规划学刊(1)：42-48.

王小双，张雪花，雷喆，2013. 天津市生态宜居城市建设指标与评价研究[J]. 中国人口·资源与环境(S1)：19-22.

吴殿廷，李东方，2005. 从北京师范大学绩效考核看层次分析法的不足及其改进的途径[J]. 系统工程理论与实践(1)：100-104.

吴良镛，1997. “人居二”与人居环境科学[J]. 城市规划(3)：4-9.

徐桂兰，罗阿玲，2007. “生态居住社区”理念与实践[J]. 天府新论(5)：78-80.

杨静怡，赵平，马履一，2012. 宜居城市绿化评价指标体系研究——以北京市为例[J]. 西北林学院学报(5)：239-245.

张文忠，2007．宜居城市的内涵及评价指标体系探讨[J]．城市规划学刊(3)：30-34．

张文忠，2016．宜居城市建设的核心框架[J]．地理研究(2)：205-213．

张文忠，尹卫红，2006．中国宜居城市研究报告[M]．北京：社会科学文献出版社．

张雅彬，彭文英，李俊，2006．北京生态与宜居城市评价及建设途径探讨[J]．首都经济贸易大学学报(4)：45-50．

赵华平，张所地，2013．城市宜居性特征对商品住宅价格的影响分析——基于中国35个大中城市静态和动态空间面板模型的实证研究[J]．数理统计与管理(4)：706-717．

郑春东，马珂，苏敬瑞，2014．基于居民满意度的生态宜居城市评价[J]．统计与决策(5)：64-66．

周志田，王海燕，杨多贵，2004．中国适宜人居城市研究与评价[J]．中国人口·资源与环境(1)：29-32．

朱鹏，姚亦锋，张培刚，2006．基于人的"需求层次"理论的"宜居城市"评价指标初探[J]．河南科学(1)：134-137．

踪家峰，李宁，2015．为什么奔向北上广？——城市宜居性、住房价格与工资水平的视角分析[J]．吉林大学社会科学学报(5)：12-23．

BERG T D，1999．Reshaping gotham：The city livable movement and the redevelopment of New York City 1961—1998[D]．West Lafayette：Purdue University Graduate School.

DOUGLASS M，2002a．From global intercity competition to cooperation for livable cities and economic resilience in Pacific Asia[J]．Environment and Urbanization，14(1)：53-68．

DOUGLASS M，2002b．Special issue on globalization and civic space in Pacific Asia[J]．International Development Planning Review，24：4．

EVANS E P，2002．Livable cities? Urban struggles for livelihood and sustainability[M]．Berkeley：University of California Press.

PALEJ A，2000．Architecture for，by and with children：A way to teach livable city[C]//International Making Cities Livable Conference. Vienna，Austria.

SALZANO E，1997．Seven aims for the livable city[M]．California：Gondolier Press.

附录[1] 专家打分情况

附表 1 宜居综合系统打分

宜居性	社会发展	经济发展	生态环境	资源承载	基础设施	公共安全
社会发展	1,1,1,1,1,1	1,1,1,1,2,1	2,1,1,3,3,1	3,1/2,2,2,7,2	4,2,2,2,1,2	5,1,2,2,5,2
经济发展		1,1,1,1,1,1	2,1,1,3,2,1	3,1/2,2,2,3,2	4,2,2,2,1/2,2	5,1,2,2,3,2
生态环境			1,1,1,1,1,1	2,1/2,2,1/2,2,2	2,2,2,1/2,1/3,2	3,1,2,1/2,2,2
资源承载				1,1,1,1,1,1	1,4,1,1,1/7,1	2,2,1,1,1/2,1
基础设施					1,1,1,1,1,1	1,1/2,1,1,5,1
公共安全						1,1,1,1,1,1

注:表格中专家一、专家二、专家三、专家四、专家五、专家六打分数值用逗号隔开填写。

[1] 附表中的数值对应表 2.2 中的指标标度,标度范围为 1～9。

附表2 社会发展子系统得分

社会发展	常住人口密度	人口自然增长率	最低生活保障人数占比	人均住房面积	教育支出比重	文化娱乐服务支出比重	城市化率
常住人口密度	1,1,1,1,1,1	2,1/2,5,1/3,1/5,1/3	3,1/2,1/5,3,3,1/3	1/5,1/3,1/7,3,1/5,1/3	2,1/5,1/5,1,3,1/3	4,1/4,1/3,2,1/3,1/3	1/3,1/2,5,3,1/3,3
人口自然增长率		1,1,1,1,1,1	2,1,1/9,9,9,1	1/9,1,1/9,9,1,1	1,1/2,1/9,3,2,1	2,1/2,1/9,6,2,1	1/6,1,1,9,2,9
最低生活保障人数占比			1,1,1,1,1,1	1/9,1,1/2,1,1/9,1	1/2,1/2,1,1/3,1/9,1	2,1/2,2,1/2,1/9,1	1/9,1,9,1,1/9,9
人均住房面积				1,1,1,1,1,1	9,1/2,1,1/3,2,1	9,1,2,1/2,2,1	2,1,9,1,2,9
教育支出比重					1,1,1,1,1,1	2,1,2,2,1,1	1/6,2,9,3,1,9
文化娱乐服务支出比重						1,1,1,1,1,1	1/9,2,9,2,1,9
城市化率							1,1,1,1,1,1

注:表格中专家一、专家二、专家三、专家四、专家五、专家六打分数值用逗号隔开填写。

附表 3 经济发展子系统得分

经济发展	人均 GDP	第三产业 GDP 占地区总 GDP 比重	对外贸易额占 GDP 比重	能源消费弹性系数	高技术产业比重	财政收入占 GDP 比重	全社会固定资产投资额占 GDP 比重
人均 GDP	1,1,1,1,1,1	2,1/2,3,1/2,4,2	3,1/2,5,1/3,6,2	1,1/2,5,1/3,6,2	1/2,1/3,3,1/2,4,2	2,1/3,3,1/2,4,3	3,1,5,2,3,4
第三产业 GDP 占地区总 GDP 比重		1,1,1,1,1,1	2,1,2,1,2,1	1/2,1,2,1,2,1	1/4,1/2,1,1,1,1	1,1/2,1,1,1,2	2,2,2,4,1,2
对外贸易额占 GDP 比重			1,1,1,1,1,1	1/3,1,1,1,1,1	1/6,1/2,1/2,1,1/2,1	1/2,1/2,2,1,1/2,2	1,2,1,6,1/2,2
能源消费弹性系数				1,1,1,1,1,1	1/2,1/2,1/2,1,1/2,1	2,1/2,1/2,1,1/2,2	3,2,1,1/6,1/2,2
高技术产业比重					1,1,1,1,1,1	4,1,1,1,1,2	6,3,2,4,1,2
财政收入占 GDP 比重						1,1,1,1,1,1	2,3,2,4,1,1
全社会固定资产投资额占 GDP 比重							1,1,1,1,1,1

注:表格中专家一、专家二、专家三、专家四、专家五、专家六打分数值用逗号隔开填写。

附表 4 生态环境子系统得分

生态环境	植被覆盖度	草地覆盖度	水域覆盖度	硬化地表面积占比	污水处理率	细颗粒物(PM2.5)年均浓度值
植被覆盖度	1,1,1,1,1,1	3,5,3,1,3,5	1/4,2,1/5,3,1/5,1	7,7,7,7,7,7	1/2,1,1,1,1,2	5,1/2,1/3,1,3,7
草地覆盖度		1,1,1,1,1,1	1/9,1/2,1/5,3,1/9,1/5	2,1,2,7,2,1	1/6,1/5,1/3,1,1/3,1/2	2,1/9,1/9,1,1,1
水域覆盖度			1,1,1,1,1,1	9,3,9,2,9,7	2,1/2,5,1/3,5,2	9,1/4,2,1/3,9,7
硬化地表面积占比				1,1,1,1,1,1	1/9,1/7,1/7,1/7,1/7,1/3	1/2,1/9,1/9,1/7,1/2,1
污水处理率					1,1,1,1,1,1	9,1/2,1/3,1,3,3
细颗粒物(PM2.5)年均浓度值						1,1,1,1,1,1

注:表格中专家一、专家二、专家三、专家四、专家五、专家六打分数值用逗号隔开填写。

附表 5　资源承载子系统得分

资源承载	土地开发强度	人均建设用地面积	人均耕地面积	单位建设用地 GDP	万元 GDP 能耗	人均道路面积
土地开发强度	1,1,1,1,1,1	5,1/2,5,3,1/5,1/3	3,3,3,5,3,1/3	2,2,1/5,3,3,3	2,1/4,1/5,3,9,3	2,4,5,4,2,3
人均建设用地面积		1,1,1,1,1,1	1/2,6,1/2,2,9,1	1/2,4,1/9,1,9,9	1/2,1/2,1/9,1,9,9	1/2,8,1,1,9,9
人均耕地面积			1,1,1,1,1,1	1/2,1/2,1/9,1/2,1,9	1/2,1/9,1/9,1/2,3,9	1/2,1,2,1,1/2,9
单位建设用地 GDP				1,1,1,1,1,1	1,1/8,1,1,3,1	1,2,9,1,1/2,1
万元 GDP 能耗					1,1,1,1,1,1	1,9,9,1,1/4,1
人均道路面积						1,1,1,1,1,1

注:表格中专家一、专家二、专家三、专家四、专家五、专家六打分数值用逗号隔开填写。

附表 6 基础设施子系统得分

基础设施	房屋建筑区密度	建筑量密度	道路密度	交通设施密度	学校 1 千米范围内的行政村比例	医院 3 千米范围内的行政村比例	社会福利机构 5 千米范围内的行政村比例
房屋建筑区密度	1,1,1,1,1,1	2,1/2,2,1/2,2,2	1,1,2,1,1,2	1/2,1,2,1/2,1/2,2	2,1,2,1,2,3	2,3,1/2,1,5,5	4,5,1/2,3,7,7
建筑量密度		1,1,1,1,1,1	1/2,2,1,2,1/2,1/2	1/4,2,1,1,1/4,1/2	1,2,1,2,1,1	1,6,1/4,2,3,2	2,9,1/4,6,3,3
道路密度			1,1,1,1,1,1	1/2,1,1,1/2,1/2,1	2,1,1,1,2,2	2,3,1/4,1,5,3	4,5,1/4,3,7,4
交通设施密度				1,1,1,1,1,1	4,1,1,2,4,2	4,3,1/4,2,9,3	8,5,1/4,6,9,4
学校 1 千米范围内的行政村比例					1,1,1,1,1,1	1,3,1/4,1,3,2	2,5,1/4,3,3,2
医院 3 千米范围内的行政村比例						1,1,1,1,1,1	2,2,1,3,1,1
社会福利机构 5 千米范围内的行政村比例							1,1,1,1,1,1

注:表格中专家一、专家二、专家三、专家四、专家五、专家六打分数值用逗号隔开填写。

附表 7 公共安全子系统得分

公共安全	城市积水点	地表水源地	垃圾场站	危险废物处置场	重点污染源	应急避难场所
城市积水点	1,1,1,1,1,1	1/4,1/4,1/4,1/4,1/4,1/3	1,1,1,1,1,1	2,2,3,3,3,5	3,3,4,3,5,5	1/2,1/3,1/3,1/2,1/3,1/2
地表水源地		1,1,1,1,1,1	4,4,4,4,4,3	8,8,9,9,9,9	9,9,9,9,9,9	2,1,1,2,1,2
垃圾场站			1,1,1,1,1,1	2,2,3,3,3,5	3,3,4,3,5,5	1/2,1/3,1/3,1/2,1/3,1/2
危险废物处置场				1,1,1,1,1,1	2,3,1,1,2,1	1/4,1/6,1/9,1/6,1/9,1/9
重点污染源					1,1,1,1,1,1	1/6,1/9,1/9,1/6,1/9,1/9
应急避难场所						1,1,1,1,1,1

注：表格中专家一、专家二、专家三、专家四、专家五、专家六打分数值用逗号隔开填写。